西藏自治区水利厅
西藏自治区发展和改革委员会

西 藏 自 治 区
水利水电工程设计概(估)算
编 制 规 定

黄河水利出版社
·郑 州·

图书在版编目（CIP）数据

西藏自治区水利水电工程设计概（估）算编制规定/西藏
自治区水利电力规划勘测设计研究院，中水北方勘测设计研
究有限责任公司主编. —郑州：黄河水利出版社，2017.2
ISBN 978 - 7 - 5509 - 1695 - 1

Ⅰ.①西… Ⅱ.①西… ②中… Ⅲ.①水利水电工程 - 建筑
概算定额 - 西藏 Ⅳ.①TV512

中国版本图书馆 CIP 数据核字（2017）第 037109 号

出 版 社：黄河水利出版社　　　　　　　　网址：www.yrcp.com
　　　　地址：河南省郑州市顺河路黄委会综合楼14层　邮政编码：450003
发行单位：黄河水利出版社
　　　　发行部电话：0371 - 66026940、66020550、66028024、66022620（传真）
　　　　E-mail：hhslcbs@126.com
承印单位：河南匠心印刷有限公司
开本：850 mm×1 168 mm　1/32
印张：2.875
字数：72 千字　　　　　　　　　　　　　印数：1—1 000
版次：2017 年 2 月第 1 版　　　　　　　印次：2017 年 2 月第 1 次印刷

定价：80.00 元

西藏自治区水利厅
西藏自治区发展和改革委员会 **文件**

藏水字〔2017〕27 号

关于发布西藏自治区水利水电建筑工程
概算定额、设备安装工程概算定额、
施工机械台时费定额和工程设计
概(估)算编制规定的通知

各地(市)水利局、发展和改革委员会,各有关单位:

为适应经济社会的快速发展,进一步加强造价管理和完善定额体系,合理确定和有效控制工程投资,自治区水利厅牵头组织编制了《西藏自治区水利水电建筑工程概算定额》、《西藏自治区水利水电设备安装工程概算定额》、《西藏自治区水利水电工程施工机械台时费定额》、《西藏自治区水利水电工程设计概(估)算编制规定》,经审查,现予以发布,自 2017 年 4 月 1 日起执行。《西藏自治区水利建筑工程预算定额》(2003 版)、《西藏自治区水利工程设备安装概算定额》(2003 版)、《西藏自治区水利工程设计概(估)算编制规定》(2003 版)同时废止。本次发布的定额和编制规定由西藏自治区水利厅、西藏自治区发展和改革委员会负责解释。

附件:1、西藏自治区水利水电建筑工程概算定额
2、西藏自治区水利水电设备安装工程概算定额
3、西藏自治区水利水电工程施工机械台时费定额
4、西藏自治区水利水电工程设计概(估)算编制规定

西藏自治区水利厅　　西藏自治区发展和改革委员会
　　　　　　　　　　2017 年 3 月 5 日

主持单位：西藏自治区水利厅
承编单位：西藏自治区水利电力规划勘测设计研究院
　　　　　中水北方勘测设计研究有限责任公司

定额编制领导小组

组　　　长：罗杰
常务副组长：赵东晓　李克恭　阳辉　何志华　杜雷功
成　　　员：热旦　次旦卓嘎　索朗次仁　王印海
　　　　　　拉巴

定额编制组

组　长：阳辉
副组长：孙富行　拉巴　李明强　田伟
主要编制人员
李明强　拉巴　杜雷功　孙富行　田孟学　罗纯通
赵健

目 录

1 总 则

1.1 为适应社会主义市场经济的发展和西藏自治区水利水电工程投资管理的需要,提高概(估)算编制质量,合理确定工程投资,根据住房和城乡建设部、财政部建标〔2013〕44 号文颁布的《建筑安装工程费用项目组成》,《财政部、国家税务总局关于全面推开营业税改征增值税试点的通知》(财税〔2016〕36 号)、《住房和城乡建设部办公厅关于做好建筑业营改增建设工程计价依据调整准备工作的通知》(建办标〔2016〕4 号)等文件要求,结合近年来自治区水利水电工程发展变化情况和特点,在藏计农经〔2003〕1868 号文发布的《西藏自治区水利工程设计概(估)算编制规定》的基础上,修订形成本规定。

1.2 本规定是地方水利水电行业标准,它是编制和审批地方水利水电工程项目建议书、可行性研究投资估算,初步设计概算的依据。

1.3 本规定适用于西藏自治区范围内审批的新建、扩建、改建的水利水电工程。上报国家审批的项目,按照国家现行规定进行编制。

1.4 工程设计概(估)算应由有相应资质的设计、工程(造价)咨询单位负责编制,编、校、审人员必须具备相应水利水电工程造价执业资格,并对工程设计概(估)算文件的质量负责。

1.5 项目建议书、可行性研究投资估算,初步设计概算应按编制年的政策及价格水平进行编制。工程开工前,如发生重大设计变更,或国家政策及价格水平有较大变化,应根据开工年的政策及价格水平重编报批。

1.6 本规定由西藏自治区水利厅负责管理与解释。

2 概算编制办法

2.1 总投资构成

　　水利水电工程按工程性质划分为:枢纽工程(指水电站、水库、水闸及泵站)、引水工程(指供水和灌溉设计流量≥5m³/s 工程)、河道工程(指堤防、河湖整治及灌溉设计流量<5m³/s 和田间工程)三大类,按概算总投资构成划分为:枢纽工程、引水工程、河道工程、建设征地移民补偿费、水土保持工程和环境保护工程四部分。总投资构成如图 2-1 所示。

2.2 编制依据

　　2.2.1　国家及西藏自治区颁发的有关法令法规、制度和规程。

　　2.2.2　水利水电工程概(估)算编制规定。

　　2.2.3　水利水电建筑工程概算定额、设备安装工程概算定额、施工机械台时费定额和有关行业主管部门颁发的定额。

　　2.2.4　水利水电工程设计工程量计算规定。

　　2.2.5　工程设计文件及图纸。

　　2.2.6　材料、设备出厂价或市场参考价格。

　　2.2.7　有关合同协议及资金筹措方案。

　　2.2.8　其他。

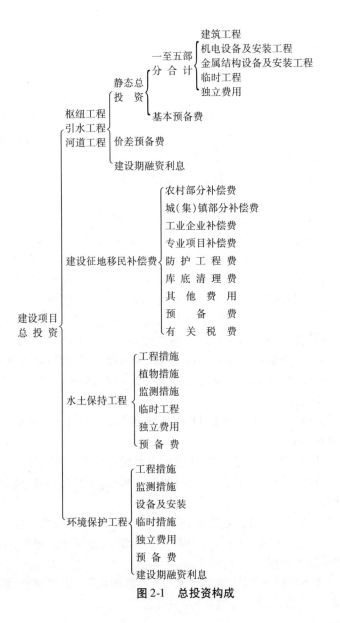

图 2-1　总投资构成

2.3 项目划分

2.3.1 枢纽、引水、河道工程项目划分

2.3.1.1 枢纽、引水、河道工程项目划分为建筑工程、机电设备及安装工程、金属结构设备及安装工程、临时工程和独立费用五部分。在五部分之后设立预备费(包括基本预备费、价差预备费)和建设期融资利息两个项目,以适应设计、施工各个阶段不同项目设置要求。

各部分下设一、二、三级项目,各级项目可根据工程需要设置,但一级项目和二级项目应按项目划分的规定,不得合并。建筑工程与临时工程相结合的项目应列入建筑工程。机电设备及安装工程划分为水电站工程、水闸工程、泵站工程和灌溉(供水)渠系工程四大类,编制时,应根据相应工程类别的一、二、三级项目套用。四大类工程的二级项目中其他设备及安装,是指未列入各项目属性的其他设备。如电梯、闸、坝区馈电设备,厂坝(闸)区供水、供热设备,水文、外部观测设备,消防设备,交通设备以及其他防护设备等。金属结构设备及安装工程的一级项目应按第一部分建筑工程的一级项目分类。

各部分项目划分详见 2.11 枢纽工程(或引水工程、河道工程)概算项目划分表。

2.3.1.2 土方开挖工程,应将土方开挖与砂砾石开挖分列。

2.3.1.3 石方开挖工程,应将明挖与暗挖、平洞与斜井、竖井开挖分列。

2.3.1.4 土石方回填工程,应将土方回填与石方回填分列。

2.3.1.5 混凝土工程,应将不同工程部位、不同强度等级、不同级配混凝土分列。

2.3.1.6 砌石工程,应将干砌块石、浆砌块石、浆砌卵石、浆砌条(料)石、抛石、铅丝(钢筋)笼块石分列。

2.3.1.7 钻孔工程,应将钻土(砂砾石)孔、岩石孔、混凝土孔分列。

2.3.1.8 灌浆工程,应将帷幕灌浆、固结灌浆、回填灌浆、锥探灌浆、定喷灌浆、旋喷灌浆、摆喷灌浆等分列。

2.3.1.9 土工织物铺设工程,应将土工膜、土工布、复合土工膜分列。

2.3.1.10 机电设备及安装工程和金属结构设备及安装工程,应根据设计提出的设备清单,按分项要求逐一列出。起重机轨道、滑触线、油气水管路、电缆、母线、一次拉线和全厂接地等属装置性材料,应列入安装费项目。

2.3.2 建设征地移民补偿费项目划分

建设征地移民补偿费项目划分按水利部颁布的水利水电工程建设征地移民补偿投资概(估)算编制规定执行。

2.3.3 水土保持工程项目划分

水土保持工程项目划分按水利部颁布的《水土保持工程概(估)算编制规定》执行。

2.3.4 环境保护工程项目划分

环境保护工程项目划分按水利部颁布的开发建设项目环境保护工程概(估)算编制规定执行。

2.4 编制程序

2.4.1 了解、掌握工程情况,对工程建设条件进行调查研究,并收集有关资料。

2.4.1.1 向各设计专业了解工程情况,包括工程地质、工程规模、工程枢纽布置、主要水工建筑物的结构形式和主要技术数据、施工导流、施工总体布置、对外交通条件、技术供应、施工进度及主体工程的施工方法等。

2.4.1.2 深入现场了解枢纽建筑物及施工场地布置情况、场内外交通运输条件和运输方式。

2.4.1.3 向设计委托单位、各有关的上级主管部门和西藏自治区的劳资、计划、基建、税务、物资供应、交通运输等部门及施工承包单位和主要设备制造厂家,收集编制概算所需的各项资料和有关规定。

2.4.2 编写工作大纲

2.4.2.1 确定编制原则与编制依据。

2.4.2.2 确定计算基础单价的基本条件与基础。

2.4.2.3 确定编制概算单价采用的定额、标准和有关参数。

2.4.2.4 明确各专业互提资料的内容、深度要求和时间。

2.4.2.5 落实编制进度及提交最后成果的日期。

2.4.2.6 编制人员分工安排和提出工作计划。

2.4.3 编写概算编制大纲

以上两项工作做完后,应写出概算编制大纲,报概算审查部门核备,并根据审定的大纲开展工作。

2.4.4 编制基础价格

2.4.5 编制建筑及安装工程单价

2.4.6 编制分部工程概算

2.4.7 编制分年度投资

2.4.8 编制总概算和编制说明

2.4.9 资料整理、印刷、出版

2.4.10 审查修改和资料归档

2.4.11 工作总结

2.5 基础价格编制

2.5.1 人工预算单价

人工预算单价指直接从事建筑及安装工程施工的生产工人开支的各项费用。

（1）基本工资

基本工资指按照工人所在岗位、经历、工作条件艰苦程度等确定的工资。

（2）工资性津贴

工资性津贴指在基本工资之外，根据自治区有关规定支付给工人的工资性收入，主要包括施工津贴、夜餐津贴、节日加班津贴等。

（3）辅助工资

辅助工资指生产工人年应工作天数以内非作业天数的工资，包括生产工人开会学习、培训期间的工资，调动工作、探亲、休假期间的工资，因气候影响的停工工资，女工哺乳期间的工资，病假在六个月以内的工资及产、婚、丧假期的工资。

人工预算单价按表 2.5.1 标准计算。

表 2.5.1　　　　　　　人工预算单价计算标准

名称	单位	枢纽工程	引水工程	河道工程	限额工程及农发、扶贫资金项目	备注
二类区	元/工时	12.26	10.15	8.95	7.79	地区类别划分详见附录1西藏自治区地区类别划分表
三类区	元/工时	14.58	12.05	10.63	9.24	
四类区	元/工时	17.00	14.06	12.42	10.79	

注：群众投劳人工预算单价，普工：二类地区 5.74 元/工时，三类地区 6.87 元/工时，四类地区 8.08 元/工时；技工：二类地区 7.30 元/工时，三类地区 8.73 元/工时，四类地区 10.26 元/工时。

2.5.2　主要材料预算价格

2.5.2.1　组成内容

主要材料预算价格指用于建筑安装工程项目上的消耗性材料、装置性材料和周转性材料摊销费。材料费包括定额工作内容规定应计入的"未计价材料"和"计价材料"。

对于用量多、影响工程投资大的主要材料,如钢材、木材、水泥、掺合料、柴汽油、炸药、砂(外购)、石(外购)等,一般必须编制材料预算价格。

主要材料预算价格为不含增值税价格,由材料原价、包装费、运输保险费、材料运杂费、采购及保管费和包装品回收价值等组成。

其中,钢筋、水泥应按基价计入工程单价参与取费,不含增值税的预算价格与基价的差额以材料补差形式计算,材料补差列入单价表中并计取税金。钢筋基价为4300元/t,水泥基价为470元/t。

(1)材料原价

材料原价指材料不含增值税的出厂价、公司供应价或指定交货地点的价格。

(2)包装费

包装费指材料在运输保管过程中不含增值税的包装费和包装材料的正常折旧摊销费。

(3)运输保险费

运输保险费指材料在运输途中的保险而发生的费用。

(4)材料运杂费

材料运杂费指材料从供货地至工地仓库或工地材料堆放地所发生的各种运载工具的不含增值税运费、装卸费及其他杂费等。

(5)采购及保管费

采购及保管费指材料的采购、供应和保管过程中所发生的不含增值税的各项费用。主要包括材料的采购、供应和保管人员的工资、养老保险费、失业保险费、医疗保险费、住房公积金、工伤及生育保险费、教育经费、工会经费、办公费、差旅交通费及工具用具使用费等;保管材料所需设施的运行使用维修费,固定资产折旧费,技术安全措施费和材料检验费及材料在运输保管过程中发生的损耗等。

（6）包装品回收价值

包装品回收价值指材料不含增值税的包装品在材料运到工地仓库拆除后可折价回收的价值。

2.5.2.2　计算方法

（1）计算公式

材料预算价格 = ［材料原价（除税价）＋包装费（除税价）＋运杂费（除税价）］×（1＋采购及保管费率）＋运输保险费

靠近城市范围内的工程，也可采用工程所在地工程造价管理定额站颁发的建筑安装材料预算价格（除税价）简化计算，计算公式为：

材料预算价格 = 当地定额站颁发的建筑安装材料预算价格（除税价）＋城市材料供应边界点至工地仓库运输费（除税价）

（2）材料原价

①钢材。

原价按工程所在地区地、市金属材料公司、钢材交易中心不含增值税的市场价选用。混凝土用钢筋采用螺纹钢筋 Φ22mm 占 70%、圆钢 Φ16mm 占 30% 作为选择钢筋原价的代表规格。钢板原价的品种、规格由设计确定。

②木材。

原价按工程所在地区地、市木材公司或林区储木场不含增值税的市场价确定。原木原价采用松原木一、二等各 50%，长度 4～6m，径级 30cm 以上作为原木原价的代表品种、规格，板枋材一般采用长 4m 厚 6cm 一等作为板枋材原价的代表规格。

③水泥。

原价一般应按水泥生产厂家不含增值税出厂价确定。水泥品种及规格按设计要求选用。

④掺合料。

掺合料是指为改善混凝土的和易性及水化热影响而掺加的粉煤灰、火山灰等。原价按设计选定的厂家不含增值税出厂价计算。

⑤柴汽油。

原价采用工程所在地区地、市(县)镇公司不含增值税供应价。原价的代表品种,按表2.5.2.2计算。

表2.5.2.2 柴汽油原价代表规格

材料名称	Ⅰ类气温区	Ⅱ类气温区	Ⅲ类气温区	Ⅳ类气温区
0号柴油	70%	60%	50%	30%
-20号柴油	30%	40%	50%	70%
90号汽油	100%			

注:气温区划分范围见附录2西藏自治区气温区划分表。

⑥炸药。

原价按工程所在地区特许生产厂或供应商不含增值税供应价确定。原价的代表品种,按乳化炸药(一级)1~9kg/包规格计算。

⑦外购砂石料。

原价按工程所在地就近砂石料场不含增值税批发价确定。

(3)材料的包装费

如有发生应根据不同的材料按工程所在地区的实际资料及有关规定按照不含增值税价格进行计算。已计入材料原价的,则不再单独计算包装费。

(4)材料的运输保险费

运输保险费可按自治区规定的费率计算。自治区无规定的,可按中国人民保险公司的有关规定计算。

(5)材料运杂费

①运输里程。

运输里程按西藏自治区交通厅颁发的《西藏自治区公路营运里程表》规定的公路营运里程加计营运里程终点至工地仓库或工

地材料堆放地的距离计算。

②运杂费。

铁路运输,按铁道部《铁路货物运价规则》及有关规定计算。

公路运输,按项目所在地的线路及货物分类别计算。公路路况及货物分类执行自治区交通运输厅规定,运价标准按自治区不含增值税市场平均价计算,或参照自治区交通运输厅规定的标准计算。

汽车运输钢材、木材、水泥等材料,一般情况下均按所运货物实际重量计算。炸药、柴汽油按有关规定不允许满载,需发生空载。因此,计算汽车运杂费时,应按有关规定考虑空载因素。

一种材料如有两个以上的供应点,应根据不同的运距、运价采用加权平均法计算运费。

（6）材料毛重系数

材料单位毛重,指材料的单位运输重量。各种材料的毛重系数如有实际资料应按实际资料计算,当缺乏实际资料时可按如下系数计算:钢材 1.0、木材 1.0、水泥 1.01、柴油 1.15（桶装）、汽油 1.30（桶装）、炸药 1.17（纸箱装）。

（7）材料单位重量

计算材料运杂费如需换算材料计量单位,应按以下规定计算:木材 $0.8t/m^3$、砂 $1.45t/m^3$、石 $1.5t/m^3$、块石 $1.6t/m^3$。

（8）材料采购及保管费

材料采购及保管费按材料运至工地仓库或工地材料堆放点价格的 3.3% 计算。

2.5.2.3　关于材料二次搬运

工地分仓库或材料堆放场（点）至工作面发生的材料场内运输已包括在概算定额中,不再另计。对于改、扩建项目,如灌溉渠道,经设计论证,材料难以到达指定地点,确需发生材料二次倒运,可根据概算定额,按照所需运输的材料,分类计算"材料运输",并列入概算相应部分。

2.5.3　电、风、水预算价格

2.5.3.1　施工用电价格

施工用电价格由基本电价、电能损耗摊销费和供电设施维修摊销费组成。电网基本电价按国家或自治区规定的不含增值税电网电价计算;柴油发电机电价根据施工组织设计配置的柴油发电机,按照不含增值税组(台)时总费用和总有效功率计算。当一个工程采用两种供电方式时,需根据不同电源的电量所占比例加权平均计算电价。

电价计算公式:

①电网供电计算公式:

电价(35kV 及以上电压等级) = 基本电价(除税电价) × 1.1 + 供电设施维修摊销费(0.03 元/kW·h)

电价(10kV 及以下电压等级) = 基本电价(除税电价) × 1.06 + 供电设施维修摊销费(0.03 元/kW·h)

②柴油发电机供电计算公式:

$$电价 = 1.4 \times \frac{柴油发电机组(台)时总费用}{柴油发电机组(台)时额定总功率}$$

2.5.3.2　施工用风价格

施工用风价格包括基本风价、供风损耗摊销费和供风设施维修摊销费。根据施工组织设计所配置的空气压缩机系统设备,按照不含增值税组(台)时总费用和总有效供风量计算。

风价计算公式:

$$风价 = 1.47 \times \frac{空气压缩机组(台)时总费用}{空气压缩机组(台)时额定总供风量}$$

2.5.3.3　施工用水价格

施工用水价格包括基本水价、供水损耗摊销费和供水设施维修摊销费。根据施工组织设计所配备的供水系统设备,按照不含增值税组(台)时总费用和总有效供水量计算。

$$水价 = 1.37 \times \frac{水泵组(台)时总费用}{水泵组(台)时额定总供水量}$$

2.5.4 砂石料单价(自采)

当工程设计自行开采天然砂石料或人工砂石料时,砂石料单价应根据设计选定的生产工艺流程、天然颗粒级配、石质、覆盖层,以及设计利用量、弃料率等,按照《西藏自治区水利水电建筑工程概算定额》和不含增值税的基础价格计算砂石料单价。该单价为定额直接费,不包括措施费、间接费、利润及税金,上述费用应在建筑工程单价中综合计算。

砂石料单价 = 覆盖层清除摊销费 + 毛料开采运输费 + 筛洗加工费 + 成品料运输费 + 弃料摊销费

块石料单价 = 石料场覆盖层(或无效层)清除摊销费 + 开采(或拣集)费 + 运输费

2.5.5 施工机械使用费

2.5.5.1 组成内容

施工机械使用费指消耗在建筑安装工程项目上的施工机械的折旧费、维修费和动力燃料费等。施工机械使用费包括基本折旧费、修理费、替换设备费、安装拆卸费、机上人工费和动力燃料费。

(1)一类费用

①基本折旧费。

基本折旧费指施工机械在规定使用期内回收原值的不含增值税台时折旧摊销费用。

②修理费。

修理费指施工机械在使用过程中,为了使机械保持正常功能而进行修理所需的不含增值税的摊销费用,机械正常运转及日常保养所需的润滑油料、擦拭用品的费用以及保管机械所需的不含增值税的摊销费用。

③替换设备费。

替换设备费指施工机械正常运转时所耗用的设备及随机使用的工具附具等不含增值税的摊销费用。

④安装拆卸费。

安装拆卸费指施工机械进出工地的安装、拆卸、试运转和场内转移及辅助设施不含增值税的摊销费用。

(2)二类费用

①机上人工费。

机上人工费指施工机械使用时机上操作所配备的人员的人工费。

②动力燃料费。

动力燃料费指施工机械正常运转所需的风、水、电、油、煤和木柴等的费用。

2.5.5.2　计算方法

根据《西藏自治区水利水电工程施工机械台时费定额》,一类费用选择除税价计算,对于定额缺项的施工机械,可补充编制台时费。为适应动态管理要求,其中第一类费用如有变化应根据定额主管部门逐年发布的调整系数进行调整。第二类费用按定额消耗量及不含增值税的材料预算价格计算。

施工机械台时费 = Ⅰ类费用 + Ⅱ类费用

2.5.6　混凝土及砂浆材料价格

根据设计确定的不同工程部位混凝土的强度等级、级配及砂浆标号,分别计算出包括水泥、掺合料、砂石料、外加剂和水的每立方米混凝土、砂浆材料单价,计入相应的工程概算单价内。其混凝土配合比的各项材料用量,可参照《西藏自治区水利水电建筑工程概算定额》附录混凝土、砂浆材料配合比表数量和不含增值税的材料价格计算。具有抗冻、抗渗要求时,应按抗冻或抗渗等级确定的水灰比选择混凝土强度等级,需要加入添加剂的,应根据设计提供的资料计算。

商品混凝土单价采用不含增值税价格计算,限价标准为300元/m³。超过部分计取税金后列入工程单价或相应分部分项之后。

2.5.7　其他材料预算价格

其他材料预算价格参照执行当地工程造价管理定额站颁发的建筑安装不含增值税材料预算价格,加至工地的运输费。当地材料预算价格没有的材料,由设计参照水利水电工程实际价格确定。

计算公式为:

其他材料预算价格 = 当地工程造价管理定额站颁发的建筑安装不含增值税材料预算价格 + 城市材料供应边界点至工地仓库运输费

2.6　建筑及安装工程单价编制

2.6.1　建筑及安装工程单价

建筑及安装工程单价由直接费、间接费、利润和税金组成。其中,直接费包括直接工程费、措施费。

直接工程费包括人工费、材料费、装置性材料费和施工机械使用费,根据建筑安装工程概算定额和该工程的人工、材料、动力燃料预算价格进行计算。

措施费包括冬雨季施工增加费、夜间施工增加费、特殊地区施工增加费、临时设施费及其他;间接费包括规费和企业管理费。其计费标准采用"费用标准"规定的费率计算。

建筑及安装工程单价各项费用的计算按表2.6.1程序编制。

表 2.6.1　　　　　　建筑及安装工程单价计算程序表

序号	费用名称	工程类别		
		建筑工程	安装工程（实物量定额）	安装工程（费率定额）
1	直接费	(2)＋(7)	(2)＋(7)	(2)＋(7)
2	直接工程费	(3)＋(4)＋(6)	(3)＋(4)＋(5)＋(6)	(3)＋(4)＋(5)＋(6)
3	人工费	定额人工工时×人工工时预算单价	定额人工工时×人工工时预算单价	定额人工费(%)×设备原价
4	材料费	定额材料用量×材料预算单价	定额材料用量×材料预算单价	定额材料费(%)×设备原价
5	装置性材料费		定额装置性材料用量×材料预算单价	定额装置性材料费(%)×设备原价
6	施工机械使用费	定额机械使用量×施工机械台时费	定额机械使用量×施工机械台时费	定额机械使用费(%)×设备原价
7	措施费	(2)×相应费率	(2)×相应费率	(2)×相应费率
8	间接费	(1)×相应费率	(3)×相应费率	(3)×相应费率
9	利润	[(1)＋(8)]×相应费率	[(1)＋(8)]×相应费率	[(1)＋(8)]×相应费率
10	未计价装置性材料费		未计价装置性材料用量×材料预算单价	
11	材料补差	定额限价材料用量×差价	定额限价材料用量×差价	
12	税金	[(1)＋(8)＋(9)＋(11)]×相应税率	[(1)＋(8)＋(9)＋(10)＋(11)]×相应税率	[(1)＋(8)＋(9)]×相应税率
13	工程单价合计	(1)＋(8)＋(9)＋(11)＋(12)	(1)＋(8)＋(9)＋(10)＋(11)＋(12)	(1)＋(8)＋(9)＋(12)

注：表内括号"( )"中数字等同于序号。

2.6.2 细部结构工程及内部观测工程概算指标的编制

2.6.2.1 细部结构工程指建筑物按设计要求布置的多孔混凝土排水管、廊道模板制作与安装、止水工程、伸缩缝工程、接缝灌浆管路、冷却水管管路、栏杆、路面工程、照明工程、爬梯、通气管道、坝基渗水处理、排水沟、排水渗井、钻孔及反滤料、减压井工程、坝坡踏步、孔洞钢盖板、建筑钢材、其他细部结构工程等,其概算指标可根据工程设计情况分析确定,或参考《西藏自治区水利水电建筑工程概算定额》附录水工建筑工程细部结构指标参考表,按设计需要设置的细部结构内容确定其指标。

2.6.2.2 内部观测工程指埋设在主体建筑物内部及固定于建筑物表面的观测仪表设备安装,主要包括变形观测,渗压、渗流观测,坝肩及基础观测,水力学观测、振动观测等。可参照类似工程分析确定概算指标(百分率)。如无设计资料,可根据坝型或其他工程型式,按照主体建筑工程投资的百分率计算:

当地材料坝   0.9% ~1.1%

混凝土坝   1.1% ~1.3%

引水式电站(引水建筑物)   1.1% ~1.3%

堤防工程   0.2% ~0.3%

2.7 分部工程概算编制

2.7.1 建筑工程

建筑工程指水利水电工程的大坝、厂房、水闸、泵站、堤防、灌溉渠系等建筑物和其他永久建筑物。本部分按主体建筑工程、交通工程、房屋建筑工程、其他工程分别采取不同方法进行编制。

2.7.1.1 主体建筑工程

(1)主体建筑工程按设计工程量乘单价进行编制。

(2)主体建筑工程的项目划分,按本规定 2.11 分部工程概算项目划分表的项目划分进行划分,三级项目可根据工程实际进行必要的增删。

(3)主体建筑工程量应遵照《水利水电工程设计工程量计算规定》,按项目划分的要求,计算到三级项目。

(4)细部结构工程按建筑物本体方量乘细部结构工程概算指标计算,也可根据设计工程量乘单价计算。

(5)内部观测工程按主体建筑工程投资乘内部观测工程概算指标(百分率)计算,也可根据设计工程量乘单价计算。

2.7.1.2　交通工程

交通工程投资按设计工程量乘单价进行计算,也可根据工程所在地区造价指标或有关实际资料,采用扩大指标编制。

2.7.1.3　房屋建筑工程

房屋建筑工程指辅助生产建筑、仓库、办公、值班公寓及文化福利建筑和室外工程。

(1)用于生产和管理的部分,按建筑面积乘房屋单位造价指标计算。建筑面积根据设计资料确定,房屋单位造价指标采用工程所在地区永久房屋造价标准。

(2)用于值班公寓及文化福利建筑部分,按主体建筑工程投资的百分率计算。

新建枢纽及引水工程

中型工程　　　　　　　　1.0% ~1.2%

小(1)型工程　　　　　　　1.2% ~1.5%

小(2)型工程　　　　　　　1.5% ~1.6%

河道工程　　　　　　　　0.4%

注:投资小取大值;反之,取小值。

(3)室外工程指生产及值班公寓区的给排水、照明及场地平整工程,一般可按房屋建筑工程投资的5% ~10%计算。

2.7.1.4 其他工程

动力线路、照明线路、通信线路等三项工程投资按设计工程量乘单价或采用扩大指标计算。其余各项按设计要求分析计算。

2.7.2 机电设备及安装工程

机电设备及安装工程指构成水利水电工程固定资产的全部机电设备及安装工程。主要内容包括:水轮发电机组、水泵及电动机、主阀、起重机、水力机械辅助设备、电气设备、通信设备、通风采暖设备、机修设备、主变压器、高压电气设备及安装和其他机电设备及安装等。项目划分,应按本规定2.11分部工程概算项目划分表的项目划分进行划分,三级项目可根据工程实际进行必要的增删。

2.7.2.1 机电设备费

机电设备费指安装在工程项目上或移交给生产管理单位的永久设备所发生的费用。一般由设备原价、运杂费、运输保险费和采购及保管费组成。

(1)设备原价

①国产设备(定型或标准产品)以出厂价为原价。非定型和非标准产品,设计单位可按向厂家索取的报价资料和当年的价格水平,经认真分析论证后,确定设备价格。

②进口设备,以到岸价和进口征收的税金、手续费、商检费及港口费等各项费用之和为原价。到岸价采用与厂家签订的合同价或询价计算,税金和手续费等按规定计算。

(2)运杂费

运杂费指设备由厂家(或供货地)运至工地安装现场所发生的一切运杂费用。主要包括装卸费、包装绑扎费以及其他可能发生的杂费。主要设备和其他设备运杂费按占设备原价的百分率计算。如表2.7.2.1为主要设备和其他设备运杂费率表。

表 2.7.2.1　　　　主要设备和其他设备运杂费率表　　　　　　（%）

序号	设备名称	铁路		公路		公路直达基本费率
		基本运距1000km	每增运500km	基本运距50km	每增运10km	
一	主要设备					
1	水轮发电机组	2.21	0.4	1.06	0.10	1.01
2	水泵、电动机	3.0	0.6	2.0	0.10	1.01
3	主阀、桥机	2.99	0.7	1.85	0.18	1.33
4	12 万 kVA 以下主变压器	2.97	0.56	0.92	0.10	1.20
二	其他设备			7.00	0.10	

注：1. 主要设备由铁路、公路联运时，按铁路、公路分段里程求得费率后叠加计算。

2. 主要设备由公路直达，按公路里程计算费率后，再加公路直达基本费率。

3. 其他设备按工程所在地距铁路之距离 50km 以内为 7%，50km 以上，每增加 10km 增加 0.10% 计算。

4. 公路运输费综合费率，一类线路乘 1.0 系数，二类线路乘 1.15 系数，三类线路乘 1.3 系数，等外线路乘 1.7 系数。各类线路划分同材料运杂费线路划分。

（3）运输保险费

运输保险费指设备在运输过程中的保险费用。国产设备运输保险费按自治区规定计算。进口设备的运输保险费按有关规定计算。

（4）采购及保管费

采购及保管费指建设单位和承包商在负责设备的采购、保管过程中所发生的各项费用。主要包括采购保管部门人员的工资、养老保险费、失业保险费、医疗保险费、住房公积金、工伤及生育保险费、教育经费、工会经费、办公费、差旅交通费及工具用具使用费，保管设备所需设施的运行使用维修费，固定资产折旧费，技术安全措施费和设备的检验、试验费等。

采购及保管费,按设备原价加运杂费之和的 0.7% 计算。

(5)运杂综合费率

运杂综合费率 = 运杂费率 + 采购及保管费率 × (1 + 运杂费率) + 运输保险费率

上述运杂综合费率,适用于计算国产设备运杂费。进口设备的国内段运杂费应按上述国产设备运杂综合费率,乘相应国产设备原价水平占进口设备原价的比例系数,调整为进口设备国内段运杂综合费率。

2.7.2.2　交通工具购置费

交通工具购置费指工程竣工后,为保证建设项目初期正常生产管理所必须配置的车、船购置费。

交通工具购置费,按第一部分建筑工程投资的 1.5% 计算。

2.7.2.3　安装工程费

安装工程费按设计提供的设备数量乘安装工程单价计算。

2.7.3　金属结构设备及安装工程

金属结构设备及安装工程指构成水利水电工程固定资产的全部金属结构设备及安装工程。主要包括闸门、埋件、拦污栅、启闭机、电动葫芦、轨道、压力钢管设备及安装工程。项目划分,应按本规定 2.11 分部工程概算项目划分表的项目划分进行划分,三级项目可根据工程实际进行必要的增删。编制方法和深度同第二部分机电设备及安装工程。

2.7.4　临时工程

临时工程指为永久工程施工而修建的临时性工程与设施。由工作面以外的施工导流工程、施工交通工程、临时房屋建筑工程、施工供电工程和其他临时工程组成。项目划分,应按本规定 2.11 分部工程概算项目划分表的项目划分进行划分,三级项目可根据工程实际进行必要的增删。

2.7.4.1　施工导流工程

施工导流工程指为使水工建筑物能在河床上进行施工,必须修建临时性的导流及截流建筑物。包括导流明渠、导流洞、施工围堰、截流工程等。同主体工程编制方法,采用工程量乘单价计算。

2.7.4.2　施工交通工程

施工交通工程指为保证工程建设所需的各种设备、材料等生产及生活物资的运输和现场施工运输而修建的场内外交通运输线路及其附属设施。如公路、桥梁、施工支洞、卷扬机道等。该项投资按设计工程量乘单价计算,也可根据自治区造价指标或有关实际资料,采用扩大单位指标编制。

2.7.4.3　临时房屋建筑工程

临时房屋建筑工程指为工程建设而修建的临时性房屋。包括施工仓库,办公、生活及文化福利建筑(含建设、监理、设计代表用房)。

计算方法如下:

(1)施工仓库

施工仓库按设计工程量乘单价计算。单位造价指标根据当地永久房屋造价指标,按不同施工年限乘以下列调整系数。

合理工期	2 年以内	0.28
	2~3 年	0.44
	3~5 年	0.60

(2)办公、生活及文化福利建筑

办公、生活及文化福利建筑按一至四部分建安工作量的百分率计算。费率标准见表2.7.4.3。

2.7.4.4　施工供电工程

施工供电工程指施工供电采用电网供电时,由现有电网向场内施工供电的 10kV 和 35kV 输变电工程。该项投资依据设计的电压等级、线路架设长度及所配备的变配电设施要求,采用工程所在地造价指标或根据有关实际资料计算。

表 2.7.4.3　　　办公、生活及文化福利建筑指标表

序号	工程类别	计算基础	费率（%）	备注
一	枢纽及引水工程			
1	中型工程	一至四部分建安工作量	2.0	一至四部分建安工作量中不含办公、生活及文化福利建筑和其他临时工程投资
2	小(1)型工程	一至四部分建安工作量	2.5	
3	小(2)型工程	一至四部分建安工作量	3.0	
二	河道工程	一至四部分建安工作量	1.5	

2.7.4.5　其他临时工程

其他临时工程指除上述所列工程以外的其他临时设施。主要包括砂石生产系统，混凝土拌和、浇筑、供热系统，防汛、防冰，大型机械安拆及临时支护、隧洞钢支撑等。

如果河道治理工程施工排水费用较大，可根据施工组织设计提出的排水措施采用工程量乘单价计算，并独立列入其他临时工程项内。

其他临时工程按一至四部分建安工作量（不包括其他临时工程）之和的百分率计算（见表 2.7.4.5）。

表 2.7.4.5　　　其他临时工程指标表

序号	工程类别	计算基础	费率（%）	备注
一	枢纽及引水工程			
1	中型工程	一至四部分建安工作量	2.0	一至四部分建安工作量中不含其他临时工程投资
2	小(1)型工程	一至四部分建安工作量	1.5	
3	小(2)型工程	一至四部分建安工作量	1.0	
二	河道工程	一至四部分建安工作量	不计列	

2.7.5 独立费用

独立费用指从工程筹建起到工程竣工验收交付使用止的整个建设期间,为保证工程建设顺利完成和交付使用后能够正常发挥效用,在概算编制中不宜列入建筑工程、机电设备及安装工程、金属结构设备及安装工程和临时工程项目中,而适于独立列项的各项费用。包括建设管理费、工程监理费、招标业务费、经济技术咨询费、联合试运转费、生产准备费、科研勘测设计费和其他费用八项。

按照本规定"费用标准"规定的费用项目及取费标准进行编制。

2.7.6 预备费

预备费包括基本预备费和价差预备费。

2.7.6.1 基本预备费

基本预备费指在批准的初步设计标准和范围以内发生的设计变更、一般自然灾害造成的损失,以及预防自然灾害及意外事故所采取的措施等而引起投资增加的预留费用。本项投资按费率计算,由分年度基本预备费汇总而成(见分年度投资基本预备费计算)。

基本预备费费率,应根据工程建设规模、施工年限、水文、气象、地质等技术条件和设计深度综合确定。初设阶段宜控制在5%~8%范围内。

2.7.6.2 价差预备费

价差预备费指建设项目在建设期内由于价格等变化引起工程造价变化的预测预留费用。费用内容包括人工、材料、设备价格上涨,费用标准调整,利率调整等增加的费用。本项投资按国家或自治区规定的物价指数计算,由分年度价差预备费汇总而成(见分年度投资价差预备费计算)。

2.7.7 建设期融资利息

建设期融资利息指向国内银行和其他非银行机构融资需在工程建设期内偿还的借款利息。按国家规定的融资利率复利计算,由分年度融资利息汇总而成(见分年度投资建设期融资利息计算)。

2.8 分年度投资计算

分年度投资计算指根据施工组织设计总进度安排,将建筑工程、机电设备及安装工程、金属结构设备及安装工程、临时工程、独立费用合理分摊到各施工年度并据此计算预备费和建设期融资利息而编制的分年度投资计划。计算方法如下。

2.8.1 建筑工程分年度投资计算

主体建筑工程分年度投资按施工进度工程量乘单价编制,没有进度工程量只有投资的,可根据单项工程分年度完成的建筑工作量按比例分摊计算。

交通工程、房屋建筑工程和其他工程分年度投资按施工进度工程量乘单价或根据施工月进度比例关系计算。

建筑工程分年度投资表算至一级项目。

2.8.2 机电设备及安装工程分年度投资计算

主要设备及安装分年度投资按施工进度设备投产日期划分投资比例编制,其他设备及安装分年度投资根据主要设备及安装完成的分年度投资比例关系计算。

机电设备及安装工程分年度投资表算至一级项目。

2.8.3 金属结构设备及安装工程分年度投资计算

金属结构设备及安装工程分年度投资按单项工程施工月进度比例关系计算。

金属结构设备及安装工程分年度投资表算至一级项目。

2.8.4 临时工程分年度投资计算

导流工程(围堰)分年度投资按施工进度工程量乘单价编制,没有进度工程量只有投资的,可根据单项工程分年度完成的建筑工作量比例分摊计算。

临时交通工程、临时房屋建筑工程和其他临时工程分年度投资按施工进度工程量乘单价或根据施工月进度比例关系计算。

临时工程分年度投资表算至一级项目。

2.8.5 独立费用分年度投资计算

根据费用的性质、费用发生的先后与施工时段的关系,与建安工作量有关的按施工各年度建安工作量比例计算,与建安工作量无关的按可能发生的施工时段分配投资比例计算。

2.8.6 预备费分年度投资计算

2.8.6.1 基本预备费

分年度基本预备费按上述一至五部分分年度投资合计数的百分率计算。

2.8.6.2 价差预备费

分年度价差预备费根据施工年度、分年静态投资和年平均物价上涨指数按公式计算。施工合理工期低于 2 年的工程不计价差预备费。

计算公式为:

$$E_n = F_n [(1 + P)^n - 1]$$

式中 E_n——第 n 年的价差预备费;

n——施工年度;

F_n——第 n 年的静态投资;

P——年平均物价上涨指数,按 2% ~ 3% 计算,或根据物价变动形势,按有关部门发布的年物价指数计算。

2.8.7 建设期融资利息分年度投资计算

分年度建设期融资利息根据分年静态投资与分年预备费之

和、融资利率按公式逐年计算应付利息。

建设期融资利息 = (年初借款本息累计 + 本年贷款/2) × 年实际利率

2.9 工程总概算编制

2.9.1 枢纽工程(或引水工程、河道工程)概算

枢纽工程概算构成工程总概算的第一项,由一至五部分合计、预备费和建设期融资利息组成。

2.9.1.1 一至五部分合计

建筑工程、机电设备及安装工程、金属结构设备及安装工程、临时工程和独立费用汇总为一至五部分合计投资。

2.9.1.2 静态总投资

枢纽工程(或引水工程、河道工程)静态总投资 = 一至五部分合计 + 基本预备费

2.9.1.3 总投资

枢纽工程(或引水工程、河道工程)总投资 = 枢纽工程静态总投资 + 价差预备费 + 建设期融资利息

编制总概算表时,在五部分之后,应按如下顺序编列:

(1)一至五部分合计。

(2)预备费。其中:基本预备费由分年度预备费汇总而成;价差预备费由分年度价差预备费汇总而成。

(3)建设期融资利息(由分年度建设期融资利息汇总而成)。

(4)静态总投资。

(5)总投资。

2.9.2 建设征地移民补偿费概算

建设征地移民补偿费指水库淹没区、浸没区、塌岸区以内农村、城镇、工矿企事业单位迁建等所发生的补偿费用,主要包括农

村部分补偿费、城(集)镇部分补偿费、工业企业补偿费、专业项目补偿费、防护工程费、库底清理费、其他费用、预备费、有关税费等。

本项投资应根据水利水电工程建设征地移民补偿投资概(估)算编制规定计算,并汇总列入工程总概算第二项。

2.9.3 水土保持工程概算

水土保持工程概算指为减轻或避免因开发建设造成植被破坏和水土流失而兴建的永久性水土保持工程,由水土保持工程措施、植物措施、监测措施、临时工程、独立费用和预备费组成。

本项投资应根据《水土保持工程概(估)算编制规定》计算,并汇总列入工程总概算第三项。

2.9.4 环境保护工程概算

环境保护工程概算指为减轻或消除因工程兴建对环境造成的不利影响而采取的永久和临时性环境保护工程,由环境保护工程措施、监测措施、临时工程、独立费用和预备费组成。

本项投资应根据生产建设项目环境保护概算编制规定计算,并汇总列入工程总概算第四项。

2.9.5 工程总概算

在枢纽工程概算、建设征地移民补偿费概算、水土保持工程概算和环境保护工程概算编制完成后,应编写编制说明和填列分项工程总概算表、总概算汇总表。

编制说明是设计概算的文字部分,应力求简明扼要。主要内容包括工程概况、编制原则和依据、其他事项及存在问题的说明等。具体内容详见2.10 概算文件组成及规定表格。

2.10 概算文件组成及规定表格

2.10.1 组成内容

设计概算文件由两部分组成。正件编入初步设计报告,附件单独成册,随设计概算报审。

2.10.1.1 概算正件

(1)编制说明

①工程概况。

工程所在河系、地点、海拔高度、交通条件、工程规模、主要工程内容、主要工程量、施工总工期、采用的价格水平、基本预备费费率、年平均物价指数、融资比例和利率、静态总投资、总投资、建设项目单位造价指标等。

②编制原则和依据。

概算编制规定、文件依据、定额依据及有关调整系数等。

③基础单价计算原则和依据。

人工,主要材料,施工用电、风、水,砂石料等基础单价及计算依据。

④取费标准及有关造价指标。

工程单价取费标准及建筑、临时工程有关指标。

⑤机电设备和金属结构设备计价依据。

⑥独立费用计算标准及计算依据。

⑦建设征地移民补偿费、水土保持工程和环境保护工程概算简要说明。

⑧其他事项及存在问题的说明。

(2)各类概算表

①工程总概算表。

②枢纽工程(或引水工程、河道工程)概算表。

a. 建筑工程概算表。

b. 机电设备及安装工程概算表。

c. 金属结构设备及安装工程概算表。

d. 临时工程概算表。

e. 独立费用概算表。

f.分年度投资表。

g.建筑工程单价汇总表。

h.安装工程单价汇总表。

i.主要材料预算价格汇总表。

j.施工机械台时费汇总表。

③建设征地移民补偿费总概算表。

④水土保持工程总概算表。

⑤环境保护工程总概算表。

2.10.1.2 概算附件

(1)枢纽工程(或引水工程、河道工程)概算附件

①人工预算单价计算表。

②主要材料运杂费计算表。

③主要材料预算价格计算表。

④施工用电价格计算书。

⑤施工用风价格计算书。

⑥施工用水价格计算书。

⑦砂石料单价计算书。

⑧补充建筑、安装工程定额计算书。

⑨补充施工机械台时费计算书。

⑩混凝土及砂浆材料单价计算表。

⑪建筑工程单价计算表。

⑫安装工程单价计算表。

⑬独立费用计算书。

(2)建设征地移民补偿费概算附件(需要时另附)

(3)水土保持工程总概算附件(需要时另附)

(4)环境保护工程总概算附件(需要时另附)

2.10.2 概算表格

2.10.2.1 概算(正件)表格

表1　　　　　　　　　　　　　总概算汇总表　　　　　　　（单位:万元）

序号	工程或费用名称	枢纽工程	建设征地移民补偿费	水土保持工程	环境保护工程	合计
1	2	3	4	5	6	7＝3＋4＋5＋6
	分项工程各部分合计					
	预　备　费					
	其中:基本预备费					
	价差预备费					
	建设期融资利息					
	静态总投资					
	总　投　资					

表2　　　　　　　　　　　分项工程总概算表　　　　　　　（单位:万元）

序号	工程或费用名称	建安工程费	设备购置费	独立费用	合计	占一至五部分合计（％）
1	2	3	4	5	6	7
Ⅰ	枢纽工程(或引水工程、河道工程)					
	⋮					
Ⅱ	建设征地移民补偿费					
	⋮					
Ⅲ	水土保持工程					
	⋮					
Ⅳ	环境保护工程					
	⋮					
	总投资（Ⅰ～Ⅳ合计）					

表3   **建筑工程概算表**

序号	工程或费用名称	单位	数量	单价（元）	合价（万元）
1	2	3	4	5	6

表4   **机电设备及安装工程概算表**

序号	名称及规格	单位	数量	单价(元)		合价(万元)	
				设备费	安装费	设备费	安装费
1	2	3	4	5	6	7	8

表5   **金属结构设备及安装工程概算表**

序号	名称及规格	单位	数量	单价(元)		合价(万元)	
				设备费	安装费	设备费	安装费
1	2	3	4	5	6	7	8

表6   **临时工程概算表**

序号	工程或费用名称	单位	数量	单价（元）	合价（万元）
1	2	3	4	5	6

表7   **独立费用概算表**

序号	费用名称	计费基数	费率(%)	合价(万元)
1	2	3	4	5

表8　　　　　　　　　　　分年度投资表　　　　　　　　単位：万元

序号	工程或费用名称	合计	建设工期（年）				
			1	2	3	4	5
1	2	3	4	5	6	7	8

表9　　　　　　　　　　　建筑工程单价汇总表

序号	名称	单位	单价（元）	其中（元）							
				人工费	材料费	机械使用费	措施费	间接费	利润	材料补差	税金
1	2	3	4	5	6	7	8	9	10	11	12

表10　　　　　　　　　　安装工程单价汇总表

序号	工程名称	单位	单价	其中（元）								
				人工费	材料费	装置性材料费	机械使用费	措施费	间接费	利润	未计价装置性材料费	税金
1	2	3	4	5	6	7	8	9	10	11	12	13

表11　　　　　　　　　主要材料预算价格汇总表

序号	名称及规格	单位	预算价格	其中（元）		
				原价	运杂费	采购及保管费
1	2	3	4	5	6	7

表 12   施工机械台时费汇总表

序号	名称及规格	台时费	其中(元)				
			折旧费	修理及替换设备费	安拆费	人工费	动力燃料费
1	2	3	4	5	6	7	8

表 13   主体工程工时及主要材料用量汇总表

序号	工程项目	工时	水泥	钢筋	木材	柴油	炸药	砂	石	块石
1	2	3	4	5	6	7	8	9	10	11

2.10.2.1 概算(附件)表格

表 1   主要材料运杂费计算表

序号	1	2	3	材料名称		材料编号	
交货条件				运输方式	火车	汽车	火车
交货地点				货物等级		整车	零担
交货比例(%)				装载系数			

编号	运输费用项目	运输起讫地点	运输距离(km)	计算公式	合计(元)
1	铁路运杂费				
	公路运杂费				
	场内运杂费				
	综合运杂费				
2	铁路运杂费				
	公路运杂费				
	场内运杂费				
	综合运杂费				
	每吨运杂费				

表2 主要材料预算价格计算表

序号	名称及规格	单位	单位毛重(t)	每吨运费(元)	价格(元)					
					原价	运杂费	采购及保管费	运到工地分仓库价格	运输保险费	预算价格
1	2	3	4	5	6	7	8	9	10	11

表3 混凝土及砂浆材料单价计算表

序号	名称及强度等级	水泥强度等级	级配	预算量						单价(元)
				水泥(kg)	掺合料(kg)	砂(m³)	石(m³)	外加剂(kg)	水(m³)	
1	2	3	4	5	6	7	8	9	10	11

表4 建筑工程单价计算表

_____ 工程

定额编号： 定额单位：

施工方法：

序号	名称及规格	单位	数量	单价(元)	合价(元)
1	2	3	4	5	6

表5   **安装工程单价计算表**

_____ 工程

定额编号：   定额单位：

型号及规格：

序号	名称及规格	单位	数量	单价(元)	合价(元)
1	2	3	4	5	6

2.11 枢纽工程(或引水工程、河道工程)概算项目划分表

表 2.11.1   **第一部分 建筑工程**

序号	一级项目	二级项目	三级项目	技术经济指标
一	挡水工程			
1		混凝土坝(闸)工程		
			土方开挖	元/m^3
			石方开挖	元/m^3
			土石方回填	元/m^3
			混凝土	元/m^3
			防渗墙	元/m^2
			帷幕灌浆	元/m
			固结灌浆	元/m
			高压喷射灌浆	元/m
			排水孔	元/m

序号	一级项目	二级项目	三级项目	技术经济指标
			砌石	元/m³
			锚杆(索)	元/根(束)
			钢筋	元/t
			温控措施	元/m³混凝土
			细部结构工程	元/m³混凝土
2		土(石)坝工程		
			土方开挖	元/m³
			石方开挖	元/m³
			土料填筑	元/m³
			砂砾料填筑	元/m³
			斜(心)墙土料填筑	元/m³
			垫层料填筑	元/m³
			反滤料、过渡料填筑	元/m³
			坝体(坝趾)堆石	元/m³
			铺盖填筑	元/m³
			土工膜	元/m²
			沥青混凝土	元/m³
			混凝土	元/m³
			防渗墙	元/m²
			帷幕灌浆	元/m
			固结灌浆	元/m
			高压喷射灌浆	元/m
			排水孔	元/m
			砌石	元/m³

序号	一级项目	二级项目	三级项目	技术经济指标
			钢筋	元/t
			温控措施	元/m³ 混凝土
			细部结构工程	元/m³ 混凝土
二	泄洪工程			
1		溢洪道工程		
			土方开挖	元/m³
			石方开挖	元/m³
			土石方回填	元/m³
			混凝土	元/m³
			防渗墙	元/m²
			帷幕灌浆	元/m
			固结灌浆	元/m
			高压喷射灌浆	元/m
			排水孔	元/m
			砌石	元/m³
			锚杆(索)	元/根(束)
			钢筋	元/t
			温控措施	元/m³ 混凝土
			细部结构工程	元/m³ 混凝土
2		泄洪洞工程		
			土方开挖	元/m³
			石方开挖	元/m³
			土石方回填	元/m³
			混凝土	元/m³
			回填灌浆	元/m²

序号	一级项目	二级项目	三级项目	技术经济指标
			固结灌浆	元/m
			排水孔	元/m
			锚杆(索)	元/根(束)
			钢筋	元/t
			细部结构工程	元/m³混凝土
3		冲沙底孔(洞)工程		
			土方开挖	元/m³
			石方开挖	元/m³
			土石方回填	元/m³
			混凝土	元/m³
			回填灌浆	元/m²
			固结灌浆	元/m
			排水孔	元/m
			锚杆(索)	元/根(束)
			钢筋	元/t
			细部结构工程	元/m³混凝土
三	引水工程			
1		引水明渠工程		
			土方开挖	元/m³
			石方开挖	元/m³
			混凝土	元/m³
			浆砌石	元/m³
			锚杆(索)	元/根(束)
			钢筋	元/t
			细部结构工程	元/m³混凝土

序号	一级项目	二级项目	三级项目	技术经济指标
2		沉沙池工程		
			土方开挖	元/m³
			石方开挖	元/m³
			混凝土	元/m³
			浆砌石	元/m³
			锚杆(索)	元/根(束)
			钢筋	元/t
			细部结构工程	元/m³混凝土
3		进(取)水口工程		
			土方开挖	元/m³
			石方开挖	元/m³
			混凝土	元/m³
			浆砌石	元/m³
			锚杆(索)	元/根(束)
			钢筋	元/t
			细部结构工程	元/m³混凝土
4		引水隧洞工程		
			土方开挖	元/m³
			石方开挖	元/m³
			混凝土	元/m³
			回填灌浆	元/m²
			固结灌浆	元/m
			排水孔	元/m
			锚杆(索)	元/根(束)
			钢筋	元/t

続表

序号	一级项目	二级项目	三级项目	技术经济指标
5		调压井工程		
			土方开挖	元/m³
			石方开挖	元/m³
			混凝土	元/m³
			喷浆	元/m²
			回填灌浆	元/m²
			固结灌浆	元/m
			锚杆(索)	元/根(束)
			钢筋	元/t
			细部结构工程	元/m³混凝土
6		高压管道工程		
			土方开挖	元/m³
			石方开挖	元/m³
			混凝土	元/m³
			回填灌浆	元/m²
			固结灌浆	元/m
			锚杆(索)	元/根(束)
			钢筋	元/t
			细部结构工程	元/m³混凝土
四	发电厂工程			
1		主、副厂房		
			土方开挖	元/m³
			石方开挖	元/m³
			混凝土	元/m³
			砖墙	元/m³

·41·

序号	一级项目	二级项目	三级项目	技术经济指标
			砌石	元/m³
			帷幕灌浆	元/m
			固结灌浆	元/m
			锚杆(索)	元/根(束)
			钢筋	元/t
			温控措施	元/m³混凝土
			厂房装修	
			细部结构工程	元/m³混凝土
2		尾水渠工程		
			土方开挖	元/m³
			石方开挖	元/m³
			混凝土	元/m³
			砌石	元/m³
			钢筋	元/t
			细部结构工程	元/m³混凝土
五	升压变电站工程			
			土方开挖	元/m³
			石方开挖	元/m³
			混凝土	元/m³
			砌石	元/m³
			构架	元/m³(t)
			钢筋	元/t
			细部结构工程	元/m³混凝土
六	河道工程			
			土方开挖	元/m³

序号	一级项目	二级项目	三级项目	技术经济指标
			石方开挖	元/m^3
			土方回填	元/m^3
			混凝土衬砌	元/m^3
			砌石	元/m^3
			抛石	元/m^3
			反滤层铺筑	元/m^3
			土工织物铺筑	元/m^2
			钢筋	元/t
七	堤防加固工程			
			土方开挖	元/m^3
			土方填筑	元/m^3
			混凝土	元/m^3
			砌石	元/m^3
			抛石	元/m^3
			灌浆	元/m
八	堤岸防护工程			
			砌石	元/m^3
			铅丝笼块石	元/m^3
			石笼护岸	元/m^3
九	泵站工程			
			土方开挖	元/m^3
			石方开挖	元/m^3
			土石方回填	元/m^3
			混凝土	元/m^3
			钢筋混凝土管	元/m

序号	一级项目	二级项目	三级项目	技术经济指标
			砖墙	元/m³
			砌石	元/m³
			固结灌浆	元/m
			锚杆(索)	元/根(束)
			钢筋	元/t
			厂房装修	
			细部结构工程	元/m³混凝土
十	灌溉(供水)渠系工程			
1		明(暗)渠工程		
			土方开挖	元/m³
			石方开挖	元/m³
			土石方回填	元/m³
			混凝土	元/m³
			混凝土板衬砌	元/m³
			砂垫层	元/m³
			砌石	元/m³
			土工织物铺筑	元/m²
			锚筋	元/根
			钢筋	元/t
			细部结构工程	元/m³混凝土
2		隧洞工程		
			土方开挖	元/m³
			石方开挖	元/m³
			土石方回填	元/m³

序号	一级项目	二级项目	三级项目	技术经济指标
			混凝土	元/m³
			砌石	元/m³
			锚筋	元/根
			钢筋	元/t
			细部结构工程	元/m³混凝土
3		渡槽工程		
			土方开挖	元/m³
			石方开挖	元/m³
			土石方回填	元/m³
			混凝土	元/m³
			砌石	元/m³
			钢筋	元/t
			细部结构工程	元/m³混凝土
4		倒虹吸工程		
			土方开挖	元/m³
			石方开挖	元/m³
			土石方回填	元/m³
			混凝土	元/m³
			砌石	元/m³
			锚筋	元/根
			钢筋	元/t
			细部结构工程	元/m³混凝土
5		跌水、陡坡、涵洞取分水口等建筑物		
十一	人畜引水工程			

序号	一级项目	二级项目	三级项目	技术经济指标
			土方开挖	元/m³
			石方开挖	元/m³
			人工挖管沟土方	元/m
			机械挖管沟土方	元/m
			土石方回填	元/m³
			砌石	
			混凝土	
			管道铺设	元/m
十二	交通工程			
1		公路工程		
			土方开挖	元/m³
			石方开挖	元/m³
			土石方回填	元/m³
			砌石	元/m³
			路面	元/m²
2		桥梁工程		
十三	房屋建筑工程			
1		场地平整		元/m²
2		辅助生产厂房		元/m²
3		仓库		元/m²
4		办公、值班公寓及文化福利建筑		元/m²
5		室外工程		元/m²
十四	其他永久建筑工程			
1			内部观测工程	

续表

序号	一级项目	二级项目	三级项目	技术经济指标
2		外部观测工程		
3		动力线路工程		
4		照明线路工程		
5		通信线路工程		
6		供电线路工程		
7		供水、供热、排水等公用设施工程		
8		整理、美化设施		
9		水情自动测报系统工程		
10		其他		

表 2.11.2　　第二部分　机电设备及安装工程

序号	一级项目	二级项目	三级项目	技术经济指标
I	水电站工程			
一	发电设备及安装工程			
1		水轮机设备及安装		
			水轮机	元/t(台)
			调速器	元/台
			油压装置	元/台套
			过速限制器	元/台套
			自动化元件	元/台套
			透平油	元/t
2		发电设备及安装		
			发电机	元/t(台)
			励磁装置	元/台

·47·

序号	一级项目	二级项目	三级项目	技术经济指标
			自动化元件	元/台套
3		进水阀设备及安装		
			蝴蝶阀（球阀、锥形阀）	元/t（台）
			油压装置	元/台套
4		起重设备及安装		
			桥式起重机	元/t（台）
			平衡梁	元/t（付）
			轨道	元/双10m
			滑触线	元/三相10m
5		水力机械辅助设备及安装		
			油系统	
			压气系统	
			水系统	
			水力测量系统	
			管路（管子、附件、阀门）	
6		电气设备及安装		
			发电电压装置	
			控制保护系统	
			计算机监控系统	
			直流系统	
			厂用电系统	
			电工试验设备	
			电力电缆	

序号	一级项目	二级项目	三级项目	技术经济指标
			控制和保护电缆	
			母线	
			电缆架	
7		通信设备及安装		
			光缆通信	
			微波通信	
			载波通信	
			生产调度通信	
			行政管理通信	
8		通风采暖设备及安装		
			通风机	
			空调机	
			管路系统	
9		机修设备及安装		
			车床	
			刨床	
			钻床	
二	升压变电设备及安装工程			
1		主变压器设备及安装		
			变压器	元/台
			轨道	元/双10m
2		高压电器设备及安装		

序号	一级项目	二级项目	三级项目	技术经济指标
			高压断路器	
			电流互感器	
			电压互感器	
			隔离开关	
			避雷器	
			高压电缆	
			自动化元件	
3		一次拉线及其他安装		
三	其他设备及安装工程			
1		电梯设备及安装		
			大坝电梯	
			厂房电梯	
2		坝区馈电设备及安装		
			变压器	
			配电装置	
3		供水、排水设备及安装		
4		供热设备及安装		
5		水文、泥沙监测设备及安装		
6		水情自动测报系统设备及安装		
7		外部观测设备及安装		

序号	一级项目	二级项目	三级项目	技术经济指标
8		消防设备		
9		交通设备		
10		全厂保护网		
11		全厂接地		
Ⅱ	水闸工程			
一	电气一次设备及安装			
			箱式变电站	
			柴油发电机	
			动力电缆	
			高压开关盘(柜)	
			动力箱	
			照明箱	
二	电气二次设备及安装			
			闸门开度监控设备	
			控制保护盘(柜)	
			控制电缆	
三	通信设备及安装			
四	其他设备及安装			
Ⅲ	泵站工程			
一	抽排水设备及安装			
1		水泵设备及安装		

序号	一级项目	二级项目	三级项目	技术经济指标
2		电动机设备及安装		
二	主阀设备及安装			
三	起重设备及安装			
			桥式起重机	元/t(台)
			平衡梁	元/t(付)
			轨道	元/双10m
			滑触线	元/三相10m
四	水力机械辅助设备及安装			
五	电气设备及安装			
			控制保护	
			盘柜	
			电缆	
			母线	
六	变压器及高压电气设备及安装			
七	通信设备及安装			
八	通风采暖设备及安装			
九	机修设备及安装			
十	其他设备及安装			
Ⅳ	灌溉(供水)渠系工程			

表 2.11.3　　　第三部分　金属结构设备及安装工程

序号	一级项目	二级项目	三级项目	技术经济指标
一	挡水工程			
1		闸门设备及安装		
			平板门	元/t
			弧形门	元/t
			埋件	元/t
2		启闭设备及安装		
			卷扬式起闭机	元/t(台)
			门式起重机	元/t(台)
			油压启闭机	元/t(台)
			轨道	元/双10m
3		拦污设备及安装		
			拦污栅体	元/t
			拦污栅槽	元/t
			清污机	元/t(台)
二	泄洪工程			
1		闸门设备及安装		
2		启闭设备及安装		
3		拦污设备及安装		
三	引水工程			
1		闸门设备及安装		
2		启闭设备及安装		
3		拦污设备及安装		
4		钢管制作及安装		
四	发电厂工程			
1		闸门设备及安装		

序号	一级项目	二级项目	三级项目	技术经济指标
2		启闭设备及安装		
五	升压变电工程			
六	水闸工程			
1		闸门设备及安装		
			平板门	元/t
			弧形门	元/t
			埋件	元/t
2		启闭设备及安装		
			卷扬式起闭机	元/t(台)
			门式起重机	元/t(台)
			油压启闭机	元/t(台)
			电动葫芦	元/t(台)
			轨道	元/双10m
3		拦污设备及安装		
			拦污栅体	元/t
			拦污栅槽	元/t
			清污机	元/t(台)
七	泵站工程			
1		闸门设备及安装		
2		启闭设备及安装		
3		拦污设备及安装		
4		钢管制作及安装		
八	灌溉(供水)渠系工程			
1		闸门设备及安装		

序号	一级项目	二级项目	三级项目	技术经济指标
2		启闭设备及安装		
3		拦污设备及安装		
4		钢管制作及安装		

表 2.11.4 　　　　　第四部分　临时工程

序号	一级项目	二级项目	三级项目	技术经济指标
一	施工导流工程			
1		导流渠工程		
			土方开挖	元/m³
			石方开挖	元/m³
			混凝土	元/m³
			灌浆	元/m
			锚杆(索)	元/根(束)
			钢筋	元/t
2		导流洞工程		
			土方开挖	元/m³
			石方开挖	元/m³
			混凝土	元/m³
			灌浆	元/m
			锚杆(索)	元/根(束)
			钢筋	元/t
3		土石围堰工程		
			土方开挖	元/m³
			石方开挖	元/m³
			堰体填筑	元/m³

序号	一级项目	二级项目	三级项目	技术经济指标
			砌石	元/m³
			防渗	元/m³
			堰体拆除	元/m³
			截流	
			其他	
4		混凝土围堰工程		
			土方开挖	元/m³
			石方开挖	元/m³
			堰体填筑	元/m³
			砌石	元/m³
			防渗	元/m³
			堰体拆除	元/m³
			截流	
			其他	
5		蓄水期下游供水工程		
6		金属结构制作及安装		
二	施工交通工程			
1		公路工程		
2		桥梁工程		
3		施工支洞工程		
			土方开挖	元/m³
			石方开挖	元/m³
			混凝土	元/m³

序号	一级项目	二级项目	三级项目	技术经济指标
			灌浆	元/m
			锚杆(索)	元/根(束)
			钢筋	元/t
			封堵	
4		桥涵、道路加固工程		
三	施工供电工程			
1		10kV供电线路		
2		35kV供电线路		
3		变配电设施		
四	临时房屋建筑工程			
1		施工仓库		元/m^2
2		办公、生活及文化福利建筑		
五	其他临时工程			

表2.11.5   第五部分   独立费用

序号	一级项目	二级项目	三级项目	技术经济指标
一	建设管理费			
二	工程建设监理费			
三	招标业务费			
四	经济技术咨询费			
五	联合试运转费			
六	生产准备费			
1		生产管理单位提前进厂费		

序号	一级项目	二级项目	三级项目	技术经济指标
2		生产职工培训费		
3		管理用具购置费		
4		备品备件购置费		
5		工器具及生产家具购置费		
七	科研勘测设计费			
1		工程科学研究试验费		
2		工程勘测设计费		
八	其他费用			
1		工程质量检测费		
2		工程保险费		
3		其他税费		

3 投资估算编制办法

3.1 编制依据

建筑工程定额参照执行《西藏自治区水利水电建筑工程概算定额》,设备安装工程定额参照执行《西藏自治区水利水电工程设备安装概算定额》;台时费定额参照执行《西藏自治区水利水电工程施工机械台时费定额》;费用标准采用《西藏自治区水利水电工程设计概(估)算编制规定》"费用标准"中的有关费率编制。其他编制依据同初步设计概算。

3.2 估算内容及项目划分

工程估算内容由枢纽工程估算(或引水工程、河道工程)、建设征地移民补偿费估算、水土保持工程估算和环境保护工程估算组成。

枢纽工程估算(或引水工程、河道工程)的项目划分,原则上执行初步设计概算项目划分表的有关规定,划分为建筑工程、机电设备及安装工程、金属结构设备及安装工程、临时工程和独立费用五部分和预备费、建设期融资利息。各部分以下的项目可根据设计工作深度,做适当合并调整。

建设征地移民补偿费估算、水土保持工程估算和环境保护工程估算的项目划分执行相应编制规定。

3.3 投资估算计算方法

3.3.1 枢纽工程投资估算计算方法

3.3.1.1 建筑工程

建筑工程分别按主体建筑工程、交通工程、房屋建筑工程和其他建筑工程四项,采用不同的方法进行编制。

(1)主体建筑工程投资按设计工程量乘单价或指标进行计算。

对影响工程投资较大的主要单价应参照定额分析计算。考虑到投资估算工作深度,采用建筑工程概算定额编制单价时,除钢筋制安乘 1.05 扩大系数外,其他均乘 1.10 扩大系数。单价组成内容及计算程序同初步设计概算编制办法。

(2)交通工程

公路按路面结构、等级采用设计工程量乘每千米造价指标计算。桥梁按结构形式、荷载等级采用设计工程量乘每延米(平方米)造价指标计算。

(3)房屋建筑工程

辅助生产厂房、仓库和办公用房投资根据设计提出的工程量乘工程所在地永久房屋单位造价指标计算。

值班公寓及文化福利建筑投资参照初步设计概算编制办法按第一部分建筑工程投资的百分率计算。

(4)其他建筑工程

本项投资根据工程具体建设条件和工程规模,按占主体建筑工程投资的百分率计算。水利枢纽、水电站、泵站、水库工程百分率可取 3% ~5%,引水工程百分率可取 2% ~3%,河道工程百分率可取 1% ~2%。

3.3.1.2　机电设备及安装工程

水电站、泵站等工程分别按照主要机电设备及安装,其他机电设备及安装两项计算。其他水利水电工程可根据机电设备配置内容做具体划分。

水电站工程的主要机电设备及安装包括水轮机、发电机、主阀、桥式起重机、主变压器和高压组合电器六大件。水轮机、发电机、桥式起重机、主变压器等设备费中应包含调速器、油压装置、透平油、自动化元件、励磁装置、轨道、滑触线等设备费。主要设备费由设备原价、运杂费和采购及保管费三项组成,编制依据及计算方法同初步设计概算。

主要设备的安装费可参照设备安装工程概算定额分析计算。考虑到投资估算工作深度,采用设备安装工程概算定额编制单价时,应乘1.1扩大系数。单价组成内容及计算程序同初步设计概算编制办法。

其他机电设备及安装根据水电站装机规模按占主要机电设备费的百分率计算,百分率可参照同类型、同规模工程采用类比的方法确定。

泵站机电设备及安装工程可参照水电站机电设备及安装工程的编制方法。

其他水利水电工程机电设备及安装计算方法同初步设计概算。

3.3.1.3　金属结构设备及安装工程

计算方法同初步设计概算。

3.3.1.4　临时工程

临时工程分别按施工导流工程、施工交通工程、临时房屋建筑工程、施工供电工程和其他临时工程,采用不同的方法进行编制。

(1)施工导流工程

施工导流工程同主体建筑工程编制方法,采用工程量乘单价计算。某些难以估量的项目,可按计算出的导流工程投资的5% ~ 10%计算。

(2)施工交通工程

施工交通工程按公路长度、桥梁长度(面积)乘单位造价指标计算,也可根据有关实际资料计算。

(3)临时房屋建筑工程

临时房屋建筑工程可参照初步设计概算编制方法,施工仓库按设计面积乘单位造价指标计算,办公、生活及文化福利建筑按一至四部分建安工作量的百分率计算。费率标准参见表2.7.4.3办公、生活及文化福利建筑指标表。

(4)施工供电工程

施工供电工程根据设计的电压等级、线路长度、变压器容量乘单位造价指标计算,也可根据有关实际资料计算。

(5)其他临时工程

其他临时工程按一至四部分建安工作量(不包括其他临时工程)之和的1% ~2%计算。中型工程取上限,小型工程取中限或下限。

(6)独立费用

独立费用分别按建设管理费、工程建设监理费、生产准备费、科研勘测设计费和其他费用,采用"费用标准"有关费率进行编制,编制方法同初步设计概算。

(7)预备费

①基本预备费。按枢纽工程一至五部分投资合计的百分率计算。百分率可根据设计阶段的不同分别选取,项目建议书阶段一般取15% ,可行性研究阶段一般取10%。

②价差预备费。根据施工年限和枢纽工程静态投资,按国家或自治区规定的物价指数计算。计算方法同初步设计概算。施工合理工期低于2 年的工程不计价差预备费。

（8）建设期融资利息

建设期融资利息根据静态投资与预备费之和、融资利率计算。计算方法同初步设计概算。

（9）分年度投资估算

根据施工组织设计总进度安排,将建筑工程、机电设备及安装工程、金属结构设备及安装工程、临时工程、独立费用按分年度投资比例简化计算,一至五部分合计后,再按公式计算预备费和建设期贷款利息。计算公式及具体计算方法同初步设计概算。

（10）枢纽工程静态总投资

枢纽工程一至五部分合计加基本预备费构成枢纽工程静态总投资。

（11）枢纽工程总投资

枢纽工程静态总投资加价差预备费和建设期融资利息构成枢纽工程总投资。

枢纽工程投资估算表编列顺序如下:

①一至五部分合计。

②预备费。

其中:基本预备费;

　　　价差预备费。

③建设期融资利息。

④枢纽工程静态总投资。

⑤枢纽工程总投资。

3.3.2　建设征地移民补偿费估算方法

建设征地移民补偿费按设计淹没实物量乘淹没赔偿指标计算。

3.3.3　水土保持工程估算方法

水土保持工程投资应根据《水土保持工程概(估)算编制规定》计算,也可按照枢纽工程(或引水、灌溉、河道堤防工程)总投资的 1.5% ~2.5% 估列,并汇总列入工程总概算第三项。中型工程取下限,小型工程取中限或上限。

3.3.4 环境保护工程估算方法

环境保护工程投资应根据生产建设项目环境保护概算编制规定计算,也可按照枢纽工程(或引水、灌溉、河道堤防工程)总投资的 1% ~1.5% 估列,并汇总列入工程总概算第四项。中型工程取下限,小型工程取中限或上限。

3.4 投资估算文件组成及规定表格

3.4.1 组成内容

项目建议书及可行性研究阶段投资估算文件由两部分组成。投资估算正件编入设计报告,投资估算附件单独成册,随设计报告报审。

3.4.1.1 投资估算正件

(1)编制说明

①工程概况。

工程所在河系、地点、交通条件、工程规模、主要工程内容、主要工程量、施工总工期、采用的价格水平、基本预备费费率、年平均物价指数、资金来源及筹措方式、贷款比例和利率、静态总投资、总投资、建设项目单位造价指标等。

②编制原则和依据。

估算编制规定、文件依据、定额依据、基础单价计算原则和依据、工程单价取费标准及有关造价指标、主要设备价格编制依据、独立费用计算标准及依据,建设征地移民补偿费、水土保持工程和环境保护工程估算简要说明,其他事项及存在问题的说明等。

(2)投资估算表

①工程总估算表。

②枢纽工程(或引水工程、河道工程)估算表。

枢纽工程估算表包括建筑工程估算表、机电设备及安装工程估算表、金属结构设备及安装工程估算表、临时工程估算表、独立费用估算表、分年度投资估算表、建筑工程单价汇总表、安装工程单价汇总表、主要材料预算价格汇总表、施工机械台时费汇总表。

3.4.1.2　投资估算附件

枢纽工程(或引水工程、河道工程)投资估算附件包括人工预算单价计算表、主要材料运杂费计算表、主要材料预算价格计算表、施工用电价格计算书、砂石料单价计算书、混凝土及砂浆材料单价计算表、主要建筑工程单价计算表、主要安装工程单价计算表、独立费用计算书。

建设征地移民补偿费、水土保持工程、环境保护工程投资估算附件根据需要另附。

3.4.2　投资估算表格

投资估算正件表格和附件表格同初步设计概算,但表头标题名称"概算表"应修改为"估算表"。

4 费用标准

4.1 措施费

4.1.1 措施费费率表

表 4.1.1-1 措施费费率表(枢纽工程)

序号	工程类别	计算基础	气温区	合计(%)	其中(%)					备注
					冬雨季施工增加费	夜间施工增加费	临时设施费	安全生产措施费	其他	
1	建筑工程	直接工程费	一类区	6.5	1.5	0.5	2.5	1.0	1.0	1.气温区划分范围见附录2西藏自治区气温区划分表;
			二类区	7.0	2.0	0.5	2.5	1.0	1.0	
			三类区	8.0	3.0	0.5	2.5	1.0	1.0	
			四类区	8.5	3.5	0.5	2.5	1.0	1.0	
2	安装工程	直接工程费	一类区	7.4	1.5	0.7	2.5	1.2	1.5	2.一班制作业的工程,不计取夜间施工增加费
			二类区	7.9	2.0	0.7	2.5	1.2	1.5	
			三类区	8.9	3.0	0.7	2.5	1.2	1.5	
			四类区	9.4	3.5	0.7	2.5	1.2	1.5	

表 4.1.1-2　　　　　　措施费费率表（引水工程）

序号	工程类别	计算基础	气温区	合计（%）	其中（%）					备注
					冬雨季施工增加费	夜间施工增加费	临时设施费	安全生产措施费	其他	
1	建筑工程	直接工程费	一类区	5.7	1.5	0.5	2.0	1.0	0.7	1. 气温区划分范围见附录 2 西藏自治区气温区划分表； 2. 一班制作业的工程，不计取夜间施工增加费
			二类区	6.2	2.0	0.5	2.0	1.0	0.7	
			三类区	7.2	3.0	0.5	2.0	1.0	0.7	
			四类区	7.7	3.5	0.5	2.0	1.0	0.7	
2	安装工程	直接工程费	一类区	6.7	1.5	0.7	2.0	1.2	1.3	
			二类区	7.2	2.0	0.7	2.0	1.2	1.3	
			三类区	8.2	3.0	0.7	2.0	1.2	1.3	
			四类区	8.7	3.5	0.7	2.0	1.2	1.3	

表 4.1.1-3　　　　　　措施费费率表（河道工程）

序号	工程类别	计算基础	气温区	合计（%）	其中（%）					备注
					冬雨季施工增加费	夜间施工增加费	临时设施费	安全生产措施费	其他	
1	建筑工程	直接工程费	一类区	5.0	1.5	0.5	1.5	1.0	0.5	1. 气温区划分范围见附录 2 西藏自治区气温区划分表； 2. 一班制作业的工程，不计取夜间施工增加费
			二类区	5.5	2.0	0.5	1.5	1.0	0.5	
			三类区	6.5	3.0	0.5	1.5	1.0	0.5	
			四类区	7.0	3.5	0.5	1.5	1.0	0.5	
2	安装工程	直接工程费	一类区	5.9	1.5	0.7	1.5	1.2	1.0	
			二类区	6.4	2.0	0.7	1.5	1.2	1.0	
			三类区	7.4	3.0	0.7	1.5	1.2	1.0	
			四类区	7.9	3.5	0.7	1.5	1.2	1.0	

4.1.2 措施费内容

措施费包括冬雨季施工增加费、夜间施工增加费、特殊地区施工增加费、临时设施费、安全生产措施费和其他。

4.1.2.1 冬雨季施工增加费

冬雨季施工增加费指在冬雨季施工期间为保证工程质量和安全所需增加的费用。包括增加施工工序,增加防雨、保温、排水等设施,增耗的动力、燃料、材料以及人工、机械效率降低而增加的费用。本项费用按全年施工,平均摊销,不论是否在冬季施工,均按规定的取费标准计取。

4.1.2.2 夜间施工增加费

夜间施工增加费指施工场地和公用施工道路的照明费用。不包括已列入工程定额及工地加工厂已计入加工产品成本中的照明费用。

4.1.2.3 特殊地区施工增加费

(1)高海拔地区的高程增加费,按工程定额说明直接计入定额。

(2)原始森林等特殊地区施工增加费,应按当地规定的标准计算。

4.1.2.4 临时设施费

临时设施费指承包商在现场为进行建筑安装工程施工所必需的临时建筑物、构筑物和各种临时设施的建设、维修、拆除费或摊销费。如:供风、供水、供电、供热系统及通信支线,土石料场,简易砂石料加工系统,小型混凝土拌和浇筑系统,木工、钢筋、机修等辅助加工厂,混凝土预制构件厂,施工排水,场地平整、道路养护及其他小型临时设施。但不包括列入其他临时工程的项目或费用。

4.1.2.5 安全生产措施费

安全生产措施费指为保证施工现场安全作业环境及安全施工、文明施工所需要的措施费用。

4.1.2.6 其他

其他包括施工工具用具使用费、检验试验费、工程定位复测、工程点交、竣工场地清理、工程项目及设备仪表移交生产前的维护观察费等。其中:施工工具用具使用费,指施工生产所需,但不属于固定资产的生产工具,检验、试验用具的购置、摊销费和维护费,以及支付工人自备工具的补贴费。检验试验费,指对建筑材料、构件和建筑物进行一般鉴定、检查所发生的费用,包括自设试验室进行试验所耗用的材料和化学药品费用,以及技术革新和研究试验费,不包括新结构、新材料的试验费和建设单位要求对具有出厂合格证明的材料进行试验、对构件进行破坏性试验,以及其他特殊要求检验试验的费用。

4.2 间接费

4.2.1 间接费费率表

表4.2.1 间接费费率表

序号	工程类别	计算基础	间接费费率(%)		
			枢纽工程	引水工程	河道工程
一	建筑工程				
1	土方工程	直接费	8.3	7.1	5.9
2	石方工程	直接费	10.7	9.6	7.9
3	砌石工程	直接费	9.4	8.3	7.1
4	混凝土工程	直接费	7.9	7.3	6.1
5	钢筋制安工程	直接费	5.2	5.2	5.2
6	钻孔灌浆及锚固工程	直接费	9.1	8	6.8
7	其他工程	直接费	10.2	9	7.9
二	安装工程	人工费	82	82	82

注:1.土方工程:包括土方开挖、土方填筑工程等。

2.石方工程:包括石方开挖、石方填筑工程等。

3.砌石工程:包括干砌石、浆砌石、抛石、砌砖、反滤料、土工布(膜)及砂石垫层工程等。

4.混凝土工程:包括现浇及预制混凝土、喷锚、伸缩缝、止水、防潮层等。

5.钢筋制安工程:包括钢筋制作与安装、钢筋(网)、厂房网架制作与安装工程等。

6.钻孔灌浆及锚固工程:包括各种类型的钻孔灌浆、防渗墙、振冲桩、水泥搅拌桩、高喷灌浆工程、锚杆(筋)、锚索工程等。

7.其他工程:指除上述工程外的工程。

4.2.2 间接费组成内容

间接费指施工企业(公司)为工程施工而进行组织与经营管理所发生的各项费用,由规费和企业管理费组成。

4.2.2.1 规费

规费指政府和有关部门规定必须缴纳的费用。

1.社会保险费

(1)养老保险费:是指企业依法为职工按时足额缴纳的基本养老保险费。

(2)失业保险费:是指企业依法为职工按时足额缴纳的失业保险费。

(3)医疗保险费:是指企业依法为职工按时足额缴纳的基本医疗保险费。

2.住房公积金:是指企业按规定标准为职工缴纳的住房公积金。

3.其他:包括企业按规定标准为职工缴纳的工伤及生育保险费等。

4.2.2.2 企业管理费

企业管理费指施工企业(公司)为组织施工生产经营活动所发生的费用。内容包括:

(1)管理人员的基本工资、辅助工资、工资附加费和劳动保护费。

(2)差旅交通费,是指施工企业职工因工出差、工作调动的差旅费,住勤补助费,市内交通费及误餐补助费,职工探亲路费,劳动力招募费,离退休职工一次性路费及交通工具油料、燃料、牌照、养路费等。

(3)办公费,是指企业办公用文具、纸张、账表、印刷、邮电、书报、会议、水电、燃煤(气)等费用。

(4)固定资产折旧、修理费,是指企业属于固定资产的房屋、设备、仪器等折旧及维修等费用。

（5）工具用具使用费，是指企业管理使用不属于固定资产的工具、用具、家具、交通工具、检验、试验、消防等的摊销及维修费用。

（6）劳动保险费：是指由企业支付离退休职工的易地安家补助费、职工退职金、六个月以上的病假人员工资、职工死亡丧葬补助费、抚恤费、按规定支付给离休干部的各项经费。

（7）工会经费，是指企业按职工工资总额计提的工会经费。

（8）职工教育经费，是指企业为职工学习先进技术和提高文化水平按职工工资总额计提的费用。

（9）职工福利费，是指由企业支付离退休职工的易地安家补助费、职工退职金、六个月以上的病假人员工资、按规定支付给离休干部的各项经费、职工生活困难补助、集体福利补贴、其他福利待遇等。

（10）劳动保护费，指企业按照国家有关部门规定标准发放给职工的劳动保护用品的购置费、修理费、保健费、防暑降温费、高空作业及进洞津贴、技术安全措施以及洗澡用水、饮用水的燃料费等。

（11）税金，是指企业按规定缴纳的房产税、车船使用税、印花税、城市维护建设税、教育费附加、地方教育附加等。

（12）保险费，是指企业财产保险、管理用车辆等保险费用。

（13）财务费用指企业为筹集资金而发生的各项费用，包括企业经营期间发生的短期融资利息净支出，企业筹集资金发生的其他财务费用，以及投标和承包工程发生的保函手续费等。

（14）其他，包括技术转让费、企业定额测定费、施工企业进退场补贴费、设计收费标准中未包括的应由施工企业承担的部分施工辅助工程设计费、投标报价费、工程图纸资料费及工程摄影费、技术开发费、业务招待费、绿化费、公证费、法律顾问费、审计费、咨询费等。

4.3 利润、税金

4.3.1 利润、税金费率表

表 4.3.1 利润、税金费率表

序号	费用名称	计算基础	费率（%）	备注
一	利润	直接费＋间接费	6	不分建筑和安装工程
二	税金	直接费＋间接费＋利润	11	

注：1. 群众投劳施工部分不计算此项费用。

2. 纳入基本建设管理的农发、扶贫等资金项目不宜计算此项费用。

4.3.2 利润、税金组成内容

4.3.2.1 利润指按规定应计入建筑及安装工程中的企业平均利润。利润率不分工程类别，均按表列费率计算。

4.3.2.2 税金

税金指国家对施工企业承担建筑、安装工程作业收入所征收的增值税。

4.4 独立费用

独立费用包括建设管理费、工程建设监理费、招标业务费、经济技术咨询费、联合试运转费、生产准备费、科研勘测设计费和其他费用八项。

4.4.1 建设管理费

建设管理费指建设单位在工程项目筹建和建设期间进行管理工作所需的费用。包括建设单位开办费、建设单位人员经常费、项

目管理费三项。其中,开办费包括购置的交通工具、办公设施、检验试验设备等。经常费包括工作人员的工资、养老保险费、失业保险费、医疗保险费、住房公积金、工伤及生育保险费、教育经费、工会经费、办公费、差旅交通费、会议费、技术图书资料费、零星固定资产购置费、低值易耗品摊销费、工具用具使用费、修理费、水电费、采暖费等。项目管理费包括该工程建设过程中用于筹措资金、召开会议、视察工程建设所发生的业务招待费和差旅交通等费用;建设单位进行项目管理所发生的工程宣传费、土地使用税、房产税、印花税、审计费、合同契约公证费、施工期水文气象报汛费、工程验收费;经当地有关部门批准必须派驻工地的保卫、消防部门补贴费以及其他属于管理性开支的费用。按照一至四部分建安工作量的百分率计算,投资规模大的工程取中值或小值,反之取大值。

枢纽及引水工程:中型工程4%～5%,小型工程6%～10%。

河道工程:3%～5%。

4.4.2 工程建设监理费

工程建设监理费指工程开工后,需聘任监理单位对工程建设的质量、进度和投资进行监理,以及进行设备监造所发生的费用。根据国家发展和改革委发改价格〔2015〕299号文规定,按照市场调节价计算。

4.4.3 招标业务费

招标业务费指建设单位组织招标业务所发生的费用。其中,包括建设单位委托招标代理,组织工程设计招标、施工招标、设备采购招标及其他招标,组织招标设计评审等业务及相关环节的费用。根据国家发展和改革委发改价格〔2015〕299号文规定,按照市场调节价计算。

4.4.4 经济技术咨询费

建设单位根据国家有关规定和项目建设管理的需要,委托具备资质的机构或聘请专家对项目建设的安全性、可靠性、先进性和经济性等有关工程技术、经济和法律等方面的专题进行咨询、评审和评估所发生的费用。其中,包括勘测设计成果专项咨询、工程安全和技术鉴定、劳动安全和工业卫生测试与评审、建设期造价咨询、防洪影响评价、水资源论证、地质灾害危险性评估、压覆矿产资源评估及项目后评估报告等咨询工作费用。按照一至四部分投资合计的百分率计算。

枢纽及引水工程:中型工程 1.2% ,小型工程 1.5% 。

河道工程:1.0% 。

4.4.5 联合试运转费

联合试运转费指水利水电工程中的发电机组、水泵及电动机等安装完毕,在竣工验收前,进行整套设备带负荷联合试运转期间所发生的费用。主要包括联合试运转期间所消耗的燃料、动力、材料及机械使用费,工具用具及检测设备使用费,参加联合试运转人员的工资等。水电站按照装机台数、单机容量费用指标计算;泵站按照单位千瓦指标计算。

表 4.4.5.1 联合试运转费用指标表

序号	项目名称	水电站单机容量(万 kW)						
		0.1 以下	0.1 ~ 0.15	0.15 ~ 0.4	0.4 ~ 0.65	0.65 ~ 0.9	0.9 ~ 1.25	1.25 ~ 2.5
1	水电站费用指标(元/台)	10000	14000	24000	34000	40000	60000	80000
2	电力泵站费用指标	60 元/kW						

4.4.6 生产准备费

生产准备费指生产管理单位,为保证工程竣工交付使用进行必要的生产准备所发生的费用。包括生产管理单位提前进厂费、生产人员培训费、管理用具购置费、备品备件购置费和工器具及生产家具购置费五项。

4.4.6.1 生产管理单位提前进厂费

生产管理单位提前进厂费指生产管理单位在工程投产或工程完工之前进厂参加生产筹备工作的工人、技术人员和管理人员所需的费用。

按照一至四部分建安工作量的百分率计算。

枢纽工程:中型工程 0.25% ,小型工程 0.45% 。

引水工程根据工程规模参照枢纽工程比例计算。

河道工程及除险加固工程原则上不计此项费用。

4.4.6.2 生产人员培训费

生产人员培训费指生产管理单位在工程投产或工程完工之前,为保证工程竣工交付使用需对工人、技术人员和管理人员进行必要的培训所发生的费用。按照一至四部分建安工作量的百分率计算。

枢纽工程:中型工程 0.45% ,小型工程 0.6% 。

引水工程根据工程规模参照枢纽工程比例计算。

河道工程及除险加固工程原则上不计此项费用。

4.4.6.3 管理用具购置费

管理用具购置费指为保证新建项目运行初期正常生产和管理所必须购置的办公用具等费用。按照一至四部分建安工作量的百分率计算。

枢纽工程:中型工程 0.09% ,小型工程 0.1% 。

引水工程:0.03% 。

河道工程:0.02% 。

除险加固工程原则上不计此项费用。

4.4.6.4 备品备件购置费

备品备件购置费指工程在投产运行初期,由于易损件损耗和可能发生事故,必须准备的各种易损或消耗性备品备件和专用材料的购置费。不包括设备价格中配备的备品备件。按占设备费的百分率计算。中型工程0.6%,小型工程0.7%。

计算备品备件购置费的设备费包括:机电设备(电站、泵站同容量同型号水轮发电机组、水泵电动机组只计算一台套设备费)和金属结构设备费。

4.4.6.5　工器具及生产家具购置费

工器具及生产家具购置费指按设计规定,为保证初期生产正常运行所必须购置的不属于固定资产标准的生产工具、器具、仪表、生产家具等的购置费用。不包括设备价格中已包括的专用工具。按占机电及金属结构设备费的百分率计算。

枢纽工程:中型工程0.12%,小型工程0.15%。

引水和河道工程根据工程规模参照枢纽工程比例计算。

4.4.7　科研勘测设计费

科研勘测设计费指为建设本工程所发生的科研、勘测、设计等费用。包括工程科学研究试验费和工程勘测设计费。

4.4.7.1　工程科学研究试验费

工程科学研究试验费指在工程建设过程中,为解决工程的技术问题,而进行必要的科学研究试验所需的费用。

工程科学研究试验费按一至四部分建安工作量的百分率计算。中型工程0.5%,小型工程0.2%,河道工程原则上不计或根据需要计列。

4.4.7.2　工程勘测设计费

工程勘测设计费指工程从项目建议书开始至以后各设计阶段发生的勘测费、设计费和相关试验研究费。不包括工程建设征地移民、水土保持和环境保护各设计阶段发生的勘测设计费。根据国家发展和改革委发改价格〔2015〕299号文规定,按照市场调节价计算。

4.4.8 其他费用

4.4.8.1 工程质量检测费

工程质量检测费指工程建设期间,为检验工程质量,在施工单位自检、监理单位检测的基础上,由建设单位委托具有相应资质的检测机构进行质量检测,在相关工程费用和监理费用之外发生的检测费用。按一至四部分建安工作量的百分率计算,中型工程0.10%,小型工程0.15%。

4.4.8.2 工程保险费

工程保险费指工程建设期间,为使工程能在遭受水灾、火灾等自然灾害和意外事故造成损失后得到经济补偿,而对工程进行投保所发生的保险费用。按工程一至四部分投资合计的0.3% ~ 0.6%计算。

4.4.8.3 其他税费

其他税费指工程建设过程中发生的按照国家、自治区有关规定必须缴纳的税费。

附　录

附录1　西藏自治区地区类别划分表

地区类别	包括范围
二类区	拉萨市的城关区及所属办事处;堆龙德庆县驻地、东嘎、古荣、玛、乃琼、柳梧、德庆区;墨竹工卡县驻地、墨竹工卡、巴洛、唐家、直孔、扎雪区;曲水县驻地、聂当、采纳、曲水、达嘎、色麦区;达孜县驻地、德庆、拉木、唐嘎、帮堆区;尼木县驻地、尚日、吞、尼木区;工布江达县驻地、峡龙、雪卡、仲萨、娘蒲、加兴、金达、朱拉、错高、江达区;林芝县驻地、达则、百巴、米瑞、八一(镇)、布久、东久区;米林县驻地、米林、扎西绕登、羌纳、卧龙、里龙、派区。 山南专区的乃东县驻地、泽当、昌珠、颇章、亚堆、温、丁那区;贡嘎县驻地、吉雄、朗杰学、杰德秀、昌果、前进、江塘区;扎囊县驻地、扎塘、扎其、结林、吉汝、桑伊区;桑日县驻地、绒辖、桑日、沃卡区;加查县驻地、安绕、冷达、加查、红旗、拉绥区;朗县驻地、古如朗杰、洞嘎、金东、拉多区;穷结县驻地、穷果、曲沟、久河区;曲松县驻地、下江、下洛、堆水区;浪卡子县的卡拉区;错那县的勒布、觉拉区;洛扎县驻地、拉康、嘎波、生格、边巴区;隆子县驻地、三安曲林、加玉、新巴区;错美县的当巴、乃西区。 日喀则专区的日喀则县驻地、城关镇、东嘎、甲错、大竹、江当、曲美区;南木林县的多角、艾马岗、土布加区;萨迦县的孜松、吉定区;拉孜县的拉孜、扎西岗、彭错林区;定日县的卡达、绒辖区;聂拉木县驻地;吉隆县的吉隆区;谢通门县驻地、恰嘎区;江孜县的卡麦、重孜区;仁布县驻地、仁布、德吉林区;亚东县驻地、下司马镇、下亚东、上亚东区;白朗县驻地、洛布穷孜、杜穷、嘎东、强堆区;樟木口岸

地区类别	包括范围
二类区	昌都专区的昌都县驻地、城关镇、俄洛、沙贡、达邑、日通、加卡、柴维区;左贡县的萨诺、中林卡、下林卡区;察雅县驻地、烟多、吉塘、卡贡、荣周区;八宿县驻地、白马、林卡区;察隅县驻地、竹林根、古玉、古拉、下察隅、上察隅区;江达县的同普、波罗、岗托、汪布堆区;芒康县的徐中、盐井、朱巴龙、如美区;昌都县的嘎玛区;丁青县驻地、丁青、协雄、尺牍、色扎、当堆、觉恩、沙贡区;边坝县驻地、波洛、香具、哈加区;左贡县驻地、扎玉、乌雅区;察雅县的则松、香堆、王卡区;八宿县的然乌、夏里区;察隅县的察瓦龙区;江达县驻地、卡贡区;洛隆县驻地、硕般多、俄西、新荣、孜托、洛隆、马利区;类乌齐县驻地、桑多、尚卡、甲桑卡区;芒康县驻地、卡托、错瓦、宗西、邦达、奔巴、鲁然区;波密县驻地、扎木、硕多、许木、玉仁、八盖、多吉、松宗、康玉区;青藏公路青海省的格尔木、大柴旦的西藏各单位。青藏公路的花海子、长草沟沿途西藏各站
三类区	拉萨市的墨竹工卡县的门巴区;林周县驻地、唐古、阿郎、旁多区;尼木县的安岗、帕古、麻江区;当雄县驻地、公塘、羊八井、宁中、乌马塘区;墨脱县驻地、墨脱、加热萨、旁辛、德兴、背崩、金珠(格当)区。 山南专区的桑日县的真纠区;穷结县的加麻区;曲松县的贡康沙、邛多江区;浪卡子县驻地、浪卡子、打隆、多却、隆布雪、阿扎、白地、东嘎区;错那县驻地、洞嘎、错那区;洛扎县的色、蒙达区;隆子县的当日、扎日、俗坡下、雪萨区;措美县驻地、当许区;南木林县驻地、南木林、乌郁、忙热(猛武)、仁雄、拉布、甲措区;定结县驻地、陈塘、萨尔、定结、金龙区;萨迦县驻地、萨迦、麻加、赛区;拉孜县驻地、曲下、温泉、柳区;定日县驻地、帕桌、长所、措果、协格尔、定日、克玛、白巴区;聂拉木县的章东、门布、锁作区;吉隆县驻地、宗嘎、差那、贡当区;谢通门县的塔玛、查拉、德来区;昂仁县驻地、煤矿、多白、亚木、卡嘎区;江孜县驻地、江孜城关、年堆、卡堆、江热、龙马、金嘎区;康马县驻地、康马、康如、萨马达、嘎拉、少岗、涅如区;仁布县的帕当、然巴、亚德区;亚东县的帕里镇、堆纳区;白朗县的汪丹区;萨嘎县的旦嘎区

地区类别	包括范围
三类区	昌都专区的昌都县的妥坝、拉多、面达区;边巴县的恩来格区;贡觉县的则巴、拉妥、木协、罗麦、雄松区;左贡县的田妥、美玉区;察亚县的括热、宗沙区;八宿县的邦达、同卡、夏雅区;江达县的德登、青泥洞、字嘎、西邓科、生达区;洛隆县的腊久区;类乌齐的长毛岭、卡马多(巴夏)、类乌齐区;芒康县的戈波区。 那曲专区的巴青县驻地、高口、益塔、雅安多区;索县驻地、索巴、荣布、江达、军巴、宁巴区;比如县驻地、比如、热西、柴仁、彭盼、山扎、白嘎区;嘉黎县的尼屋区;青藏公路的西大滩运输站、加油站
四类区	拉萨市当雄县的纳木错区。 山南专区的贡嘎县的东拉区;浪卡子县的张达、林区;措美县的哲古区;定结县的德吉区(日屋区);谢通门县的春哲(龙桑)、南木切区;昂仁县的桑桑、查孜、措麦区;仲巴县驻地、扎东、帕羊、隆герман儿、岗久区;岗巴县驻地、岗巴、塔杰区;萨喝县驻地、加加、雄如、达吉岭区;丁青县的嘎塔区。 那曲专区的那曲县驻地、那曲镇、那曲、达仁、哈尔麦、马尔达、罗马、桑雄、孔马、谷露区;安多县驻地、买玛、扎仁区;聂荣县驻地、错阳、白雄、查吾拉、尼玛、扎坞区;巴青县的江绵、仓来、巴青本索区;比如县的下秋卡、恰则区;班戈县驻地、江措、青龙、多巴、普保、赛龙、保吉、德庆、新吉、均那区;双湖办事处驻地、色哇、尼玛、察桑、容玛区;嘉黎县驻地、嘉黎、同德、阿扎、色日绒、巴嘎、桑巴、麦地下卡区;申扎县驻地、申扎、雄梅、巴扎区;文部办事处驻地、文部、吉瓦、邦多、甲谷、卓瓦区。 阿里专区所在地(狮泉河)噶尔县驻地、昆沙、门士、左左、扎西岗区;日土县驻地、热邦、日土、多玛、日松区;扎达县驻地、扎布让、底雅、萨让、达巴、曲松、香孜区;普兰县驻地、兴巴(普兰或隆)、巴嘎、霍尔区;革吉县驻地、雄巴、盐湖、邦巴、亚热区;改则县驻地、洞措马米、康托、物玛、察布区;措勤县驻地、达雄、江让、措勤、磁石区;青藏公路由青海省的昆仑山口至西藏那曲专区的那曲县境

附录2 西藏自治区气温区划分表

序号	气温区	包括范围
1	一类区	拉萨市(当雄除外)、昌都(芒康、左贡、丁青、洛隆、类乌齐除外)、山南(浪卡子、错那除外)、日喀则(定日、聂拉木、亚东除外)、林芝地区
2	二类区	山南(浪卡子)、昌都(芒康、左贡、丁青、洛隆、类乌齐)、日喀则地区(定日、聂拉木)、阿里地区(普兰)
3	三类区	拉萨市(当雄)、山南(错那)、那曲(安多除外)、日喀则(亚东)、阿里地区(普兰除外)
4	四类区	那曲地区(安多)

附录3 水利水电工程等级划分表

(1)水利水电工程分等指标

工程等别	工程规模	水电站装机容量(万kW)	水库总库容(亿m³)	调水工程 供水对象重要性	调水工程 引水流量(m³/s)	调水工程 年引水量(亿m³)	灌区面积(万亩)	水闸 过闸总流量(m³/s)	泵站 装机功率(kW)	泵站 装机流量(m³/s)
一	中型	30~5	1.0~0.1	中等	10~3	3~1	50~5	1000~100	10000~1000	50~10
二	小(1)型	5~1	0.1~0.01	小型	3~1	1~0.3	5~0.5	100~20	1000~100	10~2
三	小(2)型	<1	0.01~0.001		<1	<0.3	<0.5	<20	<100	<2

注:以城市供水为主的调水工程,应按供水对象重要性、引水流量和年引水量三个指标拟定工程等别,确定等别时至少应有两项指标符合要求。

(2)灌溉渠道、排水沟工程分级指标

工程等别	3	4	5
灌溉流量(m^3/s)	100～20	20～5	<5
排水流量(m^3/s)	200～50	50～10	<10

(3)灌排建筑物分级指标

工程等别	3	4	5
过水流量(m^3/s)	100～20	20～5	<5

注:指水闸、渡槽、倒虹吸、涵洞、隧洞、跌水、陡坡等灌排建筑物。